工业和信息化部"十四五"规划教材

基于大数据的网络信息内容安全与对抗

李晓宇　王　震　慕德俊　张德家　编著

西北工业大学出版社

西　安

【内容简介】 本书围绕网络信息内容安全,以舆论操纵周期模型为主线,从技术对抗的视角,系统介绍了大数据时代信息内容攻击者在侦察、武器化、投送、控制等各个阶段可能采用的技术手段,并针对信息内容安全的防御者可以采取的技术手段进行了针对性的分析,具体内容包括爬虫与反爬虫、用户画像与社交蜜罐、社交机器人与发现等一系列主题,并涵盖了深度伪造检测、宣传手段检测等新兴研究热点,并最终形成了一个完整的认知安全框架,以指导安全工作者对信息内容进行主动的体系化防御。除此之外,本书还系统梳理了国外近年来的相关研究,使读者能够清晰把握信息内容安全领域的发展脉络。

本书可作为高等院校网络安全、人工智能、大数据技术等专业本科及研究生的教材,也可供相关领域技术人员参考。

图书在版编目(CIP)数据

基于大数据的网络信息内容安全与对抗 / 李晓宇等编著. — 西安 : 西北工业大学出版社,2023.1

ISBN 978 - 7 - 5612 - 8636 - 4

Ⅰ. ①基… Ⅱ. ①李… Ⅲ. ①计算机网络—网络安全 Ⅳ. ①TP393.08

中国国家版本馆 CIP 数据核字(2023)第 021306 号

JIYU DASHUJU DE WANGLUO XINXI NEIRONG ANQUAN YU DUIKANG

基 于 大 数 据 的 网 络 信 息 内 容 安 全 与 对 抗

李晓宇　王　震　慕德俊　张德家　编著

责任编辑: 蒋民昌　郭军方		**策划编辑:** 杨　军	
责任校对: 胡莉巾		**装帧设计:** 李　飞	

出版发行: 西北工业大学出版社

通信地址: 西安市友谊西路 127 号　　邮编:710072

电　　话: (029)88491757,88493844

网　　址: www.nwpup.com

印 刷 者: 西安五星印刷有限公司

开　　本: 787 mm×1 092 mm　　1/16

印　　张: 7.25

字　　数: 190 千字

版　　次: 2023 年 1 月第 1 版　　2023 年 1 月第 1 次印刷

书　　号: ISBN 978 - 7 - 5612 - 8636 - 4

定　　价: 36.00 元

前　　言

信息内容安全是管理信息传播的重要保障,属于网络安全系统的核心理论与关键组成部分,对提高网络使用效率、净化网络空间,以及保障社会稳定具有重要意义。

近年来,互联网应用迅猛发展,在为人们、工作生活带来巨大便利的同时,也带来了严重的安全问题。在国际形势剧烈变化的背景下,意识形态、宗教、民族、政治、经济以及军事等各方面频繁冲突,加剧了网络空间中信息内容的对抗,有意识的、有组织的国家级影响力运动不断出现,信息内容安全形势十分严峻。利用技术手段有效保障信息内容安全,从而保护国家安全与维护社会稳定,是当前网络空间安全的重要研究主题之一。

笔者出于以下考虑,决定编撰一本信息内容安全领域的教材。

首先,近年来人工智能、大数据等新技术的发展,使得信息内容安全领域出现了全新的威胁形式,例如基于深度合成技术的深度伪造威胁、基于大数据的深度推荐等。现有教材未能覆盖这些新主题。本书对这些主题进行了提纲挈领的介绍,使读者能够迅速掌握这些新技术的概况,为更进一步的研究打下基础。

其次,现有教材大多关注具体技术细节,但对于国外在该领域开展的重大研究项目较少提及。本书对国外尤其是美国近年来开展的相关项目进行了系统梳理,对各个项目的概况进行了简要介绍,使读者能够清晰把握该领域的研究重点与发展趋势。

最后,更重要的是,现有教材几乎都是单纯站在信息内容安全的防御角度上选取了若干技术主题进行研究,而对整个技术体系的全貌没有足够清晰的定义。本书引入了舆论操纵周期的八阶段模型,首次从技术对抗的视角对各个阶段涉及的技术进行了系统梳理,从而为读者构建信息内容安全的完整技术体系提供了清晰的思路,也为信息内容安全的落地实施提供了重要依据。

本书主要内容分为三个部分。

第一部分为第 1 章和第 2 章,引入信息内容安全概念,着重介绍了舆论操纵周期模型,并介绍了国外在该领域的重要研究计划。该部分内容参考了国内外大量研究报告,并汇总了大量国外公开披露的项目信息。

第二部分为第3章至第7章,以舆论操纵周期模型为主线,介绍各个阶段信息内容安全的攻击者可能采用的关键技术,并提供防御思路与手段。该部分内容不仅参考了大量近年来发表的学术论文,还分析了信息内容安全产业的现有成果。

第三部分为第8章,总结全书内容,引出了主动认知安全框架。该部分内容借鉴网络安全领域的框架模型,将其迁移至信息内容安全领域,从而将信息内容安全防御技术纳入一个统一的体系,并对其中的部分难点问题进行了概述。

本书由李晓宇编写了第1~5章;王震编写了第6章与第8章;慕德俊与张德家编写了第7章,并为其他章节提供了大量的参考资料。

在编写本书时参阅了相关文献与资料,在此,谨向其作者深致谢忱。此外特别感谢西北工业大学出版社在本书出版过程中给予的支持与建议,同时还要特别感谢参与本书编写的各位同仁。

本书由西北工业大学精品学术著作培育项目资助出版,在此提出诚挚感谢。

由于水平有限,书中难免存在有疏漏和不足之处,恳请广大读者批评指正。

编著者

2022年8月

目　　录

第1章 绪 论

1.1 信息内容安全

随着互联网及其应用技术的迅猛发展,网络已深度融入人类社会生活的每个角落。

根据中国互联网络信息中心(CNNIC)在 2020 年发布的统计结果[1],截至 2020 年 6 月,中国网民数量达到 9.40 亿人,全国互联网普及率达到 67.0%,国内网站数量 468 万个,即时通信用户 9.30 亿个,搜索引擎用户 7.66 亿个,网络新闻用户 7.2 亿个,网络视频用户 8.88 亿个,网络直播用户 5.62 亿个,网络购物用户 7.49 亿个,网络支付用户 8.05 亿个,在线政务服务用户 7.73 亿个,在线教育用户 3.81 亿个,在线医疗用户 2.76 亿个,远程办公用户 1.99 亿个,网民人均每周上网时长为 28.0 小时。我国已发展成为全球互联网规模最大的国家。

网络在为人们工作、生活带来巨大便利的同时,伴随而来的安全问题也愈发严峻。根据国家计算机网络应急技术处理协调中心的统计[2],仅 2020 年上半年,就捕获计算机恶意程序样本约 1 815 万个,日均传播达 483 万余次;境内感染恶意程序的主机约 304 万台,新增移动互联网恶意程序 163 万个。网络基础设施频受攻击,用户隐私保护亟待加强,网络数据易遭窃取及篡改,应用可信亟待加强[3]。

除传统的基础设施安全、网络运行安全,以及网络数据安全问题之外,网络信息内容的安全问题也引起了世界各国的重视。现代社会已完全淹没在各种网络信息的洪流之中,从传统的电子邮件、新闻网站与网络论坛到新兴的博客、问答社区、短视频与网络直播,以及各种类型的即时通信工具,网络空间中传播的各类信息时刻塑造着受众的认知,并影响着受众在现实社会中的行为。

在这些信息之中,夹杂着出于各种目的制造的虚假、暴力、色情、诈骗、煽动、人身攻击、种族主义和恐怖主义等有害内容。信息中被篡改的事件,以及对现实混淆是非的解析,经过相关利益组织刻意引导与一般受众人群无意识地传播扩散,形成了足以扭曲大众认知的力量[4](见图 1-1)。

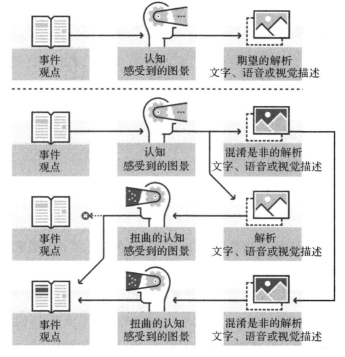

图 1-1　受众认识的塑造[5]

1.2　信息内容对抗

近年来,国际形势剧烈变化,进入了"百年未有之大变局",意识形态、经济,以及军事等各方面的冲突进一步加剧了网络空间中的信息内容对抗,有意识、有组织的国家级影响力运动不断出现。

中国作为变局中最大的自变量,也成为了某些国家级影响力运动的主要目标之一。例如,根据欧洲独立智库(EU Disinfo Lab)发布的研究报告[6-7],一个由印度操控的超大规模虚假信息网络(见图 1-2),从 2005 年起,就开始在英语世界中炮制、传播大量针对周边国家的虚假信息。该虚假网络由总部位于德里的 Srivastava 集团领导,以日内瓦和布鲁塞尔为基地,遥控分布在全球 116 个国家和地区的 750 家虚假媒体、冒牌智库、虚构非政府组织(Non-Gorernmental Organizations,NGO),借由印度主流通讯社"亚洲国际新闻社(ANI)"洗白信息,并扩大影响力。流传于国际互联网中的许多谣言与恶意攻击,都与该组织有着密切的关系。

在此背景下,信息内容安全研究的重要性也愈加显现。内容安全(content security)是信息安全的一个分支,是基于信息传播的互联网安全管理问题,反映的是网络用户公开发布的信息所带来的社会公共安全问题,目的是识别、阻断不良信息传播,如滥发电子信息(spamming)、色情内容、犯罪内容、恐怖组织活动内容、政治敏感内容等。同时,信息内容安全对抗,也是国家安全在认知领域对抗中的具体体现。近年来世界各国在国际社会中都不同程度面临着巨大挑战,使得开展信息内容安全对抗的必要性逐步增强。

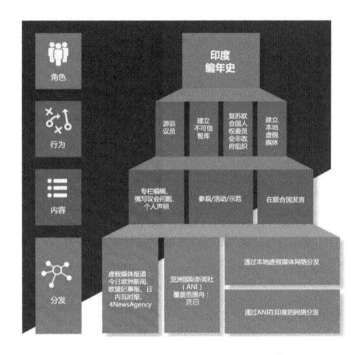

图 1 - 2 印度操控的虚假信息网络[6,7]

1.3 舆论操纵周期模型

为获取政治、经济或其他方面的利益,造成足够的影响力,信息内容的攻击者一般都会试图对公众舆论进行操纵。趋势科技(Trend Micro)公司的 Lion Gu 提出了一种舆论操纵的周期模型[4](见图 1 - 3)。该模型从攻击者视角出发,主要基于洛克希德·马丁公司(Lockheed Martin)所描述的传统网络杀伤链[8],并结合了其他有关操纵舆论的理论和研究。

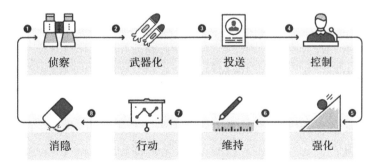

图 1 - 3 舆论操纵周期模型[4]

根据该模型,舆论操纵包括以下几个步骤:

(1)侦察

1)收集信息并分析目标受众;

2)衡量受众对感兴趣主题的忠诚度、接受度和成熟度。

(2)武器化

1)准备关键故事(即要传播给目标受众的事实版本),制定支持该关键故事的背景故事;

2)创建变体或"替代版本",这些都是"次要的"附带故事,也被"植入",因此,当知识渊博的读者不完全相信关键故事时,他们的好奇心会引导他们按照其已规划好的路径,显然这些故事也是错误的;

3)设置成功和预期范围的指标。

(3)投送

1)使用特定服务(传统媒体、社交媒体等)传播上述活动;

2)各种地下服务可在此阶段得到有效利用。

(4)控制

1)在少数但积极的支持者群体(推广积极分子或拥护者)中进行有针对性的定向推广(分发思想);

2)可以使用服务来操纵社交网络,以加快和扩大这一过程。

(5)强化(执行最初的想法)

1)为了提高关键故事的知名度,需要获得关键数量的支持者;

2)目的是让目标受众自己主动宣传故事(雪球/病毒效应)来实现持久性;

3)使用支持性的活跃组织,创造正面和负面的反馈。

(6)维持

1)建立关键故事后,添加附带故事,保持活动水平出色,并为目标受众做好应对变化的准备;

2)评估指标以查看操作是否成功,并检查汲取的经验教训,以帮助增加未来活动的成功率。

(7)行动

选择或准备根据改变的公众舆论采取行动。

(8)消隐

1)分散公众的注意力,使他们将注意力转移到另一个主题上,使发生的事情变得模糊,并最大程度地减少内乱;

2)确保全面掌控局势,同时朝新的方向发展,如果需要,就再次开始循环。

这里对上述环节进行简要阐述。

首先是侦察。侦察步骤的主要目的是设置目标、确定受众,并对受众进行深入了解。一个可以采用的理论框架被称为"通用控制理论"（Достаточно общая теория управления，DOTU）[9]，舆论操纵的目标是影响或改变目标受众的一系列信念,具体包括世界观、历史观、对正在发生的事件的描述、对经济的影响、对自己与后代的长期影响,以及对当前利益的直接影响。上述信念的改变,越在前面的项目实现的影响越深刻,但实现的难度也越高。舆论操纵活动一般会主要针对"正在发生的事件的描述"展开,以达到时间、资源与效果的均衡。

然后是武器化。针对舆论目标与受众,设计与之匹配的宣传内容,影响和扭曲意见的形成方式。武器化需要充分考虑目标受众对主题的知识水平和成熟度,以及受众已经存在的偏见。同时需要注意的是,舆论操纵并不意味着一定涉及虚假新闻报道,在很多情况下,简单地增加某一部分事实的报道,也可以起到同样的作用。

下一步是投送。通过各种需要公开或地下的工具和服务向最终受众进行宣传。拥有足够资源的执行者可能用自己的组织能力来开展宣传活动,并取得一般宣传者难以取得的成果。在传递任何信息之前,必须确认目标受众能够接受该信息,即他们必须对改变观点持一定的开放态度。因此,很多宣传者会先破坏局势的稳定,并引入波动性,以使受众更有可能接受新的选择。目前,虽然西方国家占领了大部分国际舆论阵地,具有较强的优势,但这一形势正在逐步改变。

接下来是控制与强化。投送仅仅是使用工具将信息推送到受众视野中,但更重要的是操控人们形成观点和表达意见。一种经常被利用的机制是同伴压力。很多实验表明,人们会遵循周围大多数人的观点,即使这种观点是明显错误的。那么,利用机器人或假扮的意见领袖,会使武器化过程中植入的附带故事看起来更为可信与更受欢迎。而一旦说服了足够多的公众,其他团体效应就开始发挥作用:当这种"潮流效应"开始发挥作用时,人们开始相信某事仅仅是因为它很受欢迎。

再下来是维持。当宣传已经符合目标受众的世界观时,宣传活动可以立即生效;但当其与之不符时,需要推动受众随着时间的推移逐渐转变观点,从不可想象逐步转变为一种激进的想法,进一步变得似乎可接受,再变为似乎是一种明智的想法,进而被大众接受,最终成为制度。

行动则是产生实际效果的阶段。商业目的的宣传在这个阶段将开始销售并直接获得商业利益,而政治目的的宣传则将采取更为复杂的动作,甚至一些具有长期目标的政治活动此时并不会急于行动,而是为更深层的变化进行准备。

最后一个阶段是消隐。宣传活动一旦完成且目标得以实现,对活动组织者来说,将目标受众恢复到更加稳定、放松的状态是一个更好的选择。这是因为政治宣传不是在真空中进行的——竞争者总是可以利用另一方造成的不稳定局面。冷却期可以使目标受众的情绪恢复到进行任何操作活动之前的状态,但会改变观点以符合宣传的目标。

这些阶段的划分,与美军信息作战的阶段划分有一定的共同之处。根据美军联合作战条令 JP 3-13《信息战》中的描述[10],信息战可划分为塑形、威慑、初步占领、主导、维持、稳定、使能、塑形等几个阶段(见图 1-4)。而这些阶段大体上可以与舆论操纵周期一一对应。

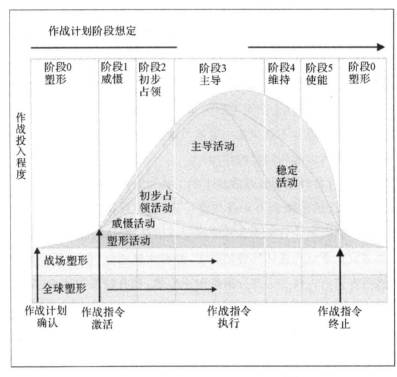

图 1-4　美军信息战阶段概念模型[10]

第2章 国外研究进展

2.1 美国国防高级计划研究局相关研究计划

美国军方一向重视利用信息技术在认知领域保持对抗优势。根据公开信息,自 2011 年以来,美国国防部高级研究计划局(Defense Advanced Research Projects Agency,DARPA)已经投入了上亿美元在此方向开展前沿技术研究。已知的项目计划列举见表 2-1。

表 2-1 DARPA 相关项目计划概况

计划名称	启动时间	资助项目	承担单位	经费支持/万美元
叙事网络 （N2）	2011年	不详	雷神 BBN 科技公司	590
		不详	查尔斯河分析（公司）	420
战略传播中的社交媒体 SMISC	2011年	不详	南加州大学 印第安纳大学 佐治亚理工学院 IBM 公司 系统与技术研究有限公司 Sentimetrix（公司）	5 282.8
媒体取证 （MediFor）	2015年	媒体取证完整性分析	普渡大学 锡耶纳大学 米兰理工大学 南加州大学 圣母大学 纽约大学 巴西坎皮纳斯大学	3 172.9
在线社交网络行为仿真 （SocialSim）	2017年	信息扩散过程的深度学习算法建模	南佛罗里达大学	170

计划名称	启动时间	资助项目	承担单位	经费支持/万美元
在线社交网络行为仿真（SocialSim）	2017年	COSINE：信息网络环境的在线认知模拟	伊利诺伊大学	410
		深度代理：社交网络中信息传播和演化的框架	中佛罗里达大学	630
		SimON－社交网络模拟器	中佛罗里达大学	660
		其他	未公开	3 630
语义取证（SemaFor）	2019年	语义空间	PAR 政府系统公司	1 190
		DICE：DAC集成与上下文解释	洛克希德·马丁公司	1 480
		语义供攻击模型	系统与技术研究有限责任公司	480
		语义信息防御	Kitware(公司)	1 190
		MALAISE：指向意图和语义证据的多媒体分析	国际斯坦福研究所	1 100
		DISCOVER：一种用于语义不一致验证的数据驱动集成方法	普渡大学	未公开
影响力活动感知与理解（INCAS）	2020年	未公开	智能信息系统(SIFT)公司	未公开
		DISCOURSE：在线对话中检测影响签名以进行理解、研究、意义构建和评估	主角科技(公司)	540

续表

计划名称	启动时间	资助项目	承担单位	经费支持/万美元
影响力活动感知与理解（INCAS）	2020年	未公开	加拿大商业公司	912.7
		未公开	南加州大学信息科学研究所(ISI)	433.7＋486.8
		信息影响分析：效果表征	伊利诺伊大学厄巴纳—香槟分校	581
		未公开	Uncharted 软件(公司)	未公开
		NCAS-量身定制的INCAS生态系统（TIES）	洛克希德·马丁先进技术实验室	1 018
		未公开	马里兰大学情报与安全应用研究实验室（ARLIS）	未公开
可计算文化理解（CCU）	2021年	未公开	未公开	未公开

下面我们对上述研究计划进行简要介绍。

2.1.1　叙事网络(N2)

DARPA 于 2011 年启动了叙事网络(Narrative Network,N2)计划[11],以了解叙事如何影响人类的认知和行为,并将这些发现应用于国际安全环境。该计划旨在解决导致外国人口激进化、暴力动员、叛乱和恐怖主义的因素,并支持预防和解决冲突,有效地沟通和创新创伤后应激障碍(PTSD)治疗。

DARPA 认为,叙事可以巩固记忆、塑造情绪、暗示启发式思维和判断偏差,并影响群体差异。DARPA 叙事研讨会上展示的幻灯片[12]如图 2-1 所示。要确定其对认知功能的影响,需要一种叙事的工作理论,理解它们在安全环境中的作用,以及研究系统的分析叙事及其心理和神经生物学的影响。从而解释:人们为什么在拒绝其他信息时会接受某些信息,并对其采取行动,为什么某些叙事主题成功地建立了对恐怖主义的支持?叙事在导致和帮助治疗创伤后应激障碍(PTSD)中可以发挥什么作用?这些问题涉及叙事在人类心理学和社会学中的作用,其答案对国防任务具有战略意义[11]。

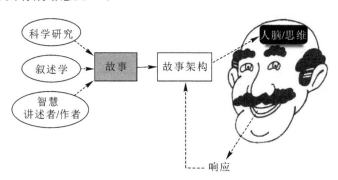

图 2 - 1   DARPA 叙事研讨会上展示的幻灯片

在此研究计划中,DARPA 征求以下领域的创新研究建议[13]:①叙事的定量分析;②理解叙事对人类心理学及其相关神经生物学的影响;③建模、模拟和感知这些叙事在僵持状态下的影响。这项工作通过推进叙事分析和神经科学来革新叙事和叙事影响,从而创建新的叙事影响感知器,使当前预测叙事影响力的能力加倍。

N2 项目涉及三个技术领域。

技术领域一:叙事分析。有效分析故事所形成的安全现象的必要条件是准确地识别故事承担的功能是什么,以及它们是通过什么机制达到这些功能的。叙事分析的目标旨在确定谁在向谁,以及出于什么目的讲故事,并发现叙事在社交网络、传统媒体、社交媒体及对话中传播和影响的潜在指标。具体子目标包括:①发展新的,并扩展现有的叙事理论;②识别并理解叙事在安全环境中的作用;③调查并扩展叙事分析和分解工具的最新水平。

技术领域二:叙事神经生物学。由于大脑是人类行动的最直接原因,因此,故事对叙述的发送者和接收者的神经生物学过程都有直接影响。如果要确定故事对人类选择和行为的心理和神经生物学有什么影响,那么了解故事如何告知神经生物学的过程至关重要。技术领域二的主要目标是要从基础神经化学到系统水平,乃至大系统等多种分析水平上彻底改变当前对叙事和故事如何影响人类基础神经生物学的理解。具体子目标包括:①分析叙述对基本的神经化学的影响;②了解叙述对记忆、学习和身份神经生物学的影响;③评估叙事对情绪的神经生物学的影响;④检查叙述如何影响道德判断的神经生物学;⑤确定叙述如何调节与社交认知相关的其他大脑机制。

技术领域三:叙事模型、仿真和传感器。为了准确理解叙述如何影响人类行为,必须开发出可以仿真这些影响并直接衡量其影响的模型。该技术领域将专注于工具的开发,以了解他人、发现叙述影响,并预测回应。技术领域三的最终目标是防止不良行为结果的发生与促使积极行为结果的产生。这将涉及叙事对个人与群体的影响进行建模和仿真,以帮助预测和量化由叙事互动而导致行为发生变化的方式和原因。该技术领域通过构建检测这些模型中包含的适当变量的传感器系统来实现这些目标。具体子目标包括:①在建模和仿真影响力方面革新现有技术;②通过结合叙事需求,开发和验证新的影响模型或显著改善现有的影响模型;

③开发针对新的或改进的影响模型中确定的变量和过程的非标准和新颖的传感器套件。

该项目的实施表现出美国军方试图通过"叙事网络"掌握宣传、"努力寻求洗脑"的意向[14]。根据美国政府网站的公开信息[15],该项目主要由雷神 BBN 科技(Raytheon BBN Technologies Corp)和查尔斯河分析(Charles River Analytics,Inc.)两家公司实施,经费分别为 590 万美元与 420 万美元。

2.1.2　战略传播中的社交媒体(SMISC)

DARPA 于 2011 年还启动了一个与信息内容安全相关的研究计划,称为"战略传播中的社交媒体"(Social Media in Strategic Communication,SMISC)[16]。

该项目的总体目标[17]是开发基于新兴技术基础的社交网络新科学,特别是 SMISC 将开发自动化和半自动化的操作员支持工具和技术,在数据规模上及时有系统地使用社交媒体,以实现四个特定的计划目标:①检测、分类、测量和跟踪思想和概念(模因)的形成、发展和传播,以及有目的或欺骗性的消息传递和错误信息;②在社交媒体网站与社区识别说服活动的结构与影响力运动;③确定参与者的意图,并衡量说服活动的效果;④对检测到的敌对影响力运动反制。

DARPA 认为,在社会媒体领域,对美国武装部队具有战略和战术重要性的事件越来越多。因此,美国必须在发生这些事件时意识到这些事件,并能够在该领域为自己辩护,以防止不良后果。美国必须通过使用体系化的自动和半自动手段,支持以规模化、实时化的方式检测、分类、测量、跟踪和影响社交媒体中的事件,从而消除当前对运气和简单人工方法的依赖。

项目的研究内容包括:①语言线索、信息流模式、主题趋势分析、叙事结构分析、情感检测和观点挖掘;②跨社区的模因跟踪、图形分析/概率推理、模式检测和文化叙事;③诱导身份、新兴社区建模、信任分析与网络动力学建模;④内容自动生成、社交媒体中的机器人与众包。

SMISC 项目涉及三个技术领域[18]。

技术领域一:算法与软件开发。开发自动化和半自动化的操作员支持工具和技术,以大规模和及时的方式有系统、有条理地使用社交媒体,从而对思想和概念(模因)的形成、发展和传播,以及有目的或欺骗性的消息传递和错误信息进行检测、分类、测量和跟踪;识别社交媒体网站和社区中说服活动的结构与影响力运动;确定参与者的意图,并衡量说服运动的效果;对检测到的敌对影响力运动实施反制。

技术领域二:数据供给与管理。项目将创建一个封闭且受控的环境,在该环境中收集大量数据,并进行实验以支持技术领域一中算法的开发和测试。这种环境的一个例子是一个封闭的社交媒体网络。该网络由 2 000～5 000 人组成,参与者同意在网络内进行大部分基于社交媒体的活动,并同意参与所需的数据收集和实验。这样的网络可以在单个政府、行业或学术组织内或在多个这样的组织内形成。这种环境的另一个示例是大型多人在线角色扮演游戏,其中社交媒体的使用对游戏至关重要,并且成千上万的玩家同意参与所需的数据收集和实验。

技术领域三:算法集成、测试和评估。项目将制定适当的性能指标,并开发、执行和评估相应测试和评估程序的结果。测试和评估程序将包括红队活动,该活动涉及对技术领域二中开发的封闭环境的战略沟通与影响力运动。

该项目计划投入 4 200 万美元,最终投入超过 5 000 万美元。南加州大学、印第安纳大学、佐治亚理工学院等高等院校,以及 IBM、系统与技术研究有限公司(Systems and Technology

Research)、Sentimetrix 等公司参与了该项目,除技术成果之外,还产出了 200 余篇学术论文[19]。高级防御研究中心(C4ADS)提交的 SMISC 子项目 METSYS 申请[20](如图 2 - 2 所示)。

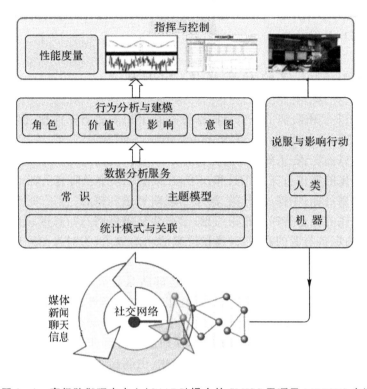

图 2 - 2 高级防御研究中心(C4ADS)提交的 SMISC 子项目 METSYS 申请

2.1.3 媒体取证(MediFor)

DARPA 于 2015 年启动了媒体取证(Media Forensics,MediFor)研究计划。该项目的总体目标是开发自动化评估图像与视频完整性技术,并将技术集成形成视觉媒体取证平台。

DARPA 认为,社交媒体每天产生巨量的图像与视频,其中越来越多的部分是经过篡改和操纵的。虽然其中很多是出于娱乐或艺术等的善意目的,但也有一些是出于敌对目的的,如宣传和误导。

复杂的图像和视频编辑应用程序(许多是免费下载的)随时可用,使得即使是新手也能够以视觉或当前图像分析上都很难检测到的方式操纵视觉媒体。目前使用的取证工具缺乏健壮性和可扩展性,只解决媒体身份验证的某些方面,不存在用于执行完整和自动化取证分析的端到端平台。尽管有一些商用图像操纵检测的应用,但它们通常仅限于检测媒体是否是直接从成像设备获得的"原始"信息。因此,媒体的验证通常是使用各种特殊方法手动执行的,这些方法往往是艺术而非科学的,而取证分析员在很大程度上依赖于自己的背景知识和经验。

MediFor 计划旨在通过开发用于自动评估图像或视频完整性技术来扭转目前有利于图像操作者的竞争环境。该项目把这些技术集成到一个视觉媒体取证平台中,该平台将自动检测给定图像/视频的操纵,为分析员和决策者提供有关所执行的操作类型、操作方式及其重要性的详细信息,以便就图像/视频的情报价值做出决策。MediFor 平台还将自动发现视觉媒体集合之间的关联,作为确认图像/视频真实性的另一种手段。

MediFor 计划采用了由三个主要元素组成的图像和视频完整性模型。

1)数字完整性指标:图像或视频的像素或表示是否不一致? 是否有像素级特征对数字完整性产生怀疑的示例,如边缘不连续、像素模糊或重复图像区域? 元数据和/或标识是否暗示媒体被操纵?

2)物理完整性指标:是否存在违反物理定律的图像或视频特征? 3D 场景中的特征是否包含不一致的阴影、反射和/或运动学(视频)?

3)语义完整性指标:其他信息来源是否证实或反驳数字或物理分析的结果或对资产所做的任何假设? 是否有证据表明使用外部知识时日期、时间或位置不正确,或者一组资产中的数字或物理特征存在不一致? 在试图发现一项资产是否可能已被重新利用时,是否有其他证据表明该资产不是它所声称的那样?

该计划设想,作为量化图像/视频完整性的第一步,必须根据这三个主要元素考虑其完整性。实现这一点需要开发适当的算法来自动计算数字、物理和语义完整性指标。这些分析中的每一个都将接受图像/视频作为输入并输出以下内容:

1)表示对指标存在的信心的分数。

2)一组指标检测到的特征,如图像/视频的区域。

3)解释检测到的指标的性质和潜在意义。例如,平滑的图像区域暗示图像特征(数字)的删除/模糊、不一致的阴影(物理)或显示相同场景但包含附加细节/特征(语义)的类似图像。

MediFor 计划包括三个技术领域。技术领域一是完整性分析研究与开发,关注于开发侦测媒体操纵的技术,用来测量数字完整性、物理完整性以及语义完整性。技术领域二是完整性推理及 MediFor 控制平台开发,主要侧重于设计集成技术领域一中算法的 MediFor 平台,研发用于编排算法输出的新型逻辑和推理技术,以及创建 MediFor 控制平台。技术领域三是语料库创建、操作和注释,侧重于媒体资源的收集、操作和注释,以创建语料库,支持评估团队开发和测试技术领域一和技术领域二。DARPA 媒体取证研究计划(MediFor)如图 2-3 所示。

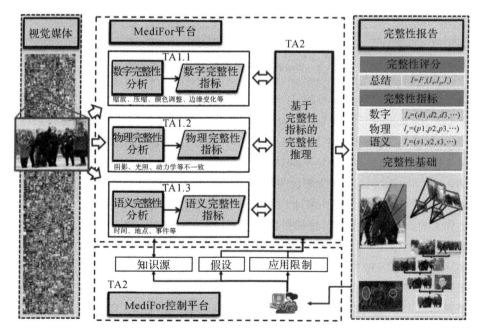

图 2-3 DARPA 媒体取证研究计划(MediFor)

2.1.4 在线社交网络行为仿真(SocialSim)

DARPA 于 2017 年启动了在线社交网络行为仿真(Computational Simulation of Online Social Behavior，SocialSim)研究计划[21]。

该研究计划的总体目标[22]：开发用于在线社交网络行为的高保真计算仿真的创新技术。

DARPA 认为，传统自上而下的模拟方法着眼于整个种群的动态，并通过假设整个种群的行为统一或基本一致来对行为现象进行建模，这样的方法可以轻松扩展以模拟大量人口，但是如果人口特征存在特定、不同的变化，就可能不准确；相反，自下而上的模拟方法将人口动态视为多样化人口中活动和互动的新兴特征。虽然这样的方法可以使信息传播的模拟更加准确，但是它们并不容易扩展以代表大量人口。SocialSim 项目寻求新颖的方法来应对这些挑战，希望创造性地组合和/或扩展自上而下和自下而上的方法的"多分辨率"方法，从而从根本上提高准确性和可伸缩性。SocialSim 跨信息环境多分辨率仿真[23]如图 2-4 所示。

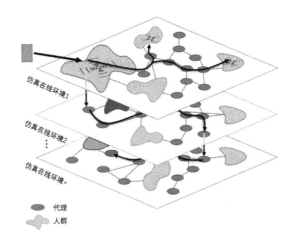

图 2-4 SocialSim 跨信息环境多分辨率仿真

SocialSim 项目设置的具体目标：①开发能够准确模拟在线信息以代表感兴趣的人群(即数千到数千万)的规模进行传播和演化的技术；②开发有效且健壮的方法来提供数据以支持仿真开发、测试和测量；③开发严格的方法和度量标准，以定量评估在线信息传播和演化模拟的准确性和可扩展性。

DARPA 提出，该项目的背景是认为信息环境从根本上改变了信息传播的方式和速度，民族国家和非国家行为者都越来越多地利用这种全球信息环境来传达信息和实现某些特定目标。准确和大规模地模拟在线信息的传播和发展，可以比现有方法更深入、更定量地了解对手对全球信息环境的使用。目前，美国政府雇用了小型专家团队来推测信息如何在网上传播。尽管这些活动提供了一些见解，但需要消耗大量的时间进行编排和执行，与此同时，推测的准确性尚不清楚，其规模(就表征群体的大小和粒度而言)也只能代表现实世界的一小部分。这些缺陷导致难以可靠地模拟诸如大型信息级联及有影响力的信息"守门员"等现象的出现。

SocialSim 项目设置了三个技术领域。

技术领域一:仿真。开发能够准确模拟在线信息传播和演化的技术,使得可以在合理的执行时间(即典型的商用现成计算平台上的几秒到几小时)内模拟成千上万到几千万个感兴趣的群体。确定(在什么级别的细节上)必须表现出什么样的群体特性和行为,以准确模拟信息传播和演化;确定必须表示什么信息属性(如消息的形式、内容或一系列消息);确定必须表示信息环境的哪些属性(如所支持的通信类型)。该领域将开发一个模拟,以捕获群体、信息和环境之间的相互作用,实现准确性和规模上的显著提高。

其中主要涉及的技术挑战包括:①在多个级别上表示和/或连接群体的特性和行为;②模拟在亚人群级别具有显著内在复杂性的行为,同时保持扩展到数百万群体的能力;③不仅模拟信息传播,还模拟随着内容传播的信息演变;④模拟信息在多个不同信息环境之内和之间的传播和演化。

技术领域二:数据供给。开发有效而可靠地提供数据以支持仿真开发(技术领域一)和仿真测试与度量(技术领域三)的方法。描述现实世界在线信息传播和发展的数据和分析将为精确模拟的发展提供信息。此外,数据和对在线行为和动力学的全面分析将提供一个"金标准",以在 SocialSim 计划实施的过程中严格测量技术领域一中的仿真相对于现实世界的准确性。主要技术挑战包括:①捕获快速、复杂且经常短暂的信息传播和演变现象;②快速适应不断变化的在线环境;③在多个信息环境中识别并关联事件、主题和特定消息;④适当地表示媒体内容,以实现对信息传播和发展的可扩展仿真;⑤开发新的工具来研究真实或代理环境中信息传播和演化的原因。

技术领域三:仿真测试与度量。对仿真技术的准确性和可扩展性进行独立评估。提出基线挑战问题,以评估仿真的初始准确性和规模;识别在线信息传播的基础行为,包括信息级联(加速信息共享)、重复(对已有信息爆发新的活动)、守门员(改变信息传播方式的关键影响者)和坚定的少数派(改变信息传播小型忠实团队)。针对每种现象制订多种措施,并评估仿真的准确性。主要技术挑战包括:①提高基线现象和措施的准确性和规模;②针对额外的度量提高准确性和规模;③改善群体、环境和消息属性的通用性;④进行信息传播中的演化。

根据美国政府网站的公开信息[24],该项目主要由南佛罗里达大学、伊利诺伊大学和中佛罗里达大学实施。其中,南佛罗里达大学的 Anda Iamnitchi 团队获得了 170 万美元的资助,用于开展"信息扩散过程的深度学习算法建模"(Modeling Information Diffusion Processes with Deep Learning Algorithms)[25];伊利诺伊大学的 Emilio Ferrara 团队获得了 410 万美元的资助,用于开展"COSINE:信息网络环境的在线认知模拟"(COSINE: Cognitive Online Simulation of Information Network Environments)[26-28];中佛罗里达大学的 Ivan Garibay 团队获得了 630 万美元的资助,用于开展 "深度代理:社交网络中信息传播和演化的框架"(Deep Agent: A Framework for Information Spread and Evolution in Social Networks)[29]这一项目;中佛罗里达大学的 Wingyan Chung 团队获得了 660 万美元的资助,用于开展项目"SimON-社交网络模拟器"(SimON -Simulator of Online Social Networks)[30]。

其中,南佛罗里达大学的"信息扩散过程的深度学习算法建模"项目的主要研究目标是使用神经网络评估深度学习方法预测各种社交在线环境中的信息传播过程。尽管深度学习已被证明是识别图像的有价值的工具,但在社交网络动态过程的背景下还没有进行充分探索。

伊利诺伊大学的 COSINE 项目的目标是创建新颖的认知代理模拟框架,以研究在线信息环境中社会现象的多尺度动态。COSINE 中的个体行为基于人类行为的第一性原理,并通过实验室实验和经验分析进行验证。此外,COSINE 的多分辨率、可扩展框架将使时间分辨的大规模动态网络信息环境仿真成为可能。在线信息传播使用自上而下的统计物理模型介观层级的基于隔间和网络的模型,以及自下而上的基于代理的动力学来建模。代理模型基于人类行为的神经认知基础原理,将有限理性和认知偏差纳入注意力模型。COSINE 是一个丰富的虚拟实验室,用于研究从个人到社区,再到全球集体行为的多分辨率、多尺度的在线社会现象的动力学。将多路复用网络整合到代理之间的交互中,从而能够研究网络结构和多种通信方式对新兴社会现象的影响,以及网络中个人的位置如何影响其行为。此外,COSINE 阐明了系统如何响应内源性(如注意力转移)和外源性(如危机、紧急情况)冲击,并提供了对社交网络结构如何响应内部和外部冲击而发展的机制的更好理解。

中佛罗里达大学的 Deep Agent 项目使用新颖的计算建模范例——深度代理框架(Deep Agent Framework,DAF),建立了在线社交网络中信息传播和演化全面、真实和大规模的计算模拟。深度代理模型框架[32]如图 2-5 所示。深度代理框架提出以下结论:①可以通过具有情感、认知和社交模块、具有深层神经认知能力的计算代理网络来完成社会动力学建模。②项目通过一系列由先进的社会理论驱动模型和数据驱动模型创建的模块化子组件,系统化地组装、测试和验证多个合理的模型,而非创建一个手工设计的信息传播和进化模型。③使用机器学习技术来帮助团队中的专家模型设计者和社会科学家在计算机辅助下探索数以万计的竞争性信息传播和进化模型,模型的搜索以模型准确性为指导。该准确性是通过将模型模拟输出与现实世界的社会动态数据进行比较而测得的[31]。

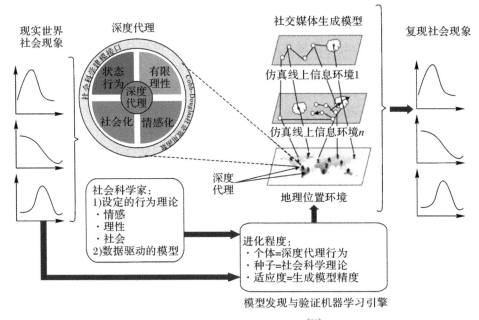

图 2-5 深度代理模型框架[32]

中佛罗里达大学的 SimON 项目开发一套模型、方法和工具,用于大规模地精确模拟信息传播和在线社交网络(OSN)中影响力的演变。该项目基于社会文化和行为分析、消息内容理解、人群心理和集体信念、网络拓扑和代理同步性,以及社交网络分析和信息传播的见解,将新颖、完整和互补的模型整合到全面的高保真模拟环境中。SimON-社交网络模拟器[30]如图

2-6 所示。具体研究内容包括：①表征网络代理在多种聚合级别和跨异构环境的新颖方法；②社会影响力和同步性的多分辨率表示；③大规模互动过程的建模，如社区影响力、信息级联及对抗网络中的信息传播和演化；④网络内通信模式和消息内容的自动汇总；⑤跨多个信息环境的仿真框架的验证。

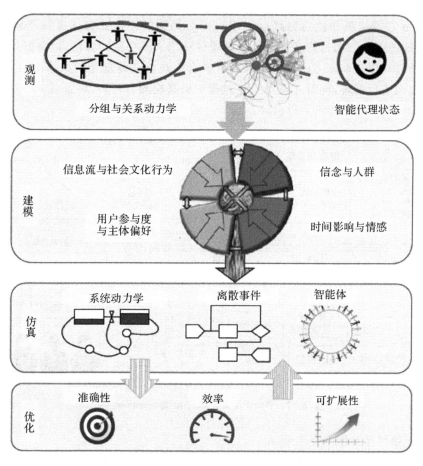

图 2-6　SimON-社交网络模拟器[30]

2.1.5　语义取证（SemaFor）

2019 年，DARPA 启动了语义取证（Semantic Forensics，SemaFor）研究计划[33]，旨在开发创新的语义技术来分析媒体。这些技术包括语义检测算法确定是否已生成或操纵了多模式媒体资产；归因算法将推断多模式媒体是否来自特定组织或个人；表征算法将说明是否出于恶意目的而生成或操纵了多模式媒体。这些语义取证技术将有助于识别、阻止和理解对手的虚假信息宣传活动。

DARPA 认为[34]，尽管统计检测技术已经取得一定的成功，但是媒体生成和处理技术正在迅速发展，单纯的统计检测方法很快将不足以检测伪造的媒体资产。依靠统计指纹的检测技术通常会被有限的其他资源（算法开发、数据或计算）所欺骗。但是，现有的自动媒体生成和处理算法在很大程度上依赖于纯粹的数据驱动方法,并且容易产生语义错误。例如,对抗生成网络(Generativo Adversarial Networks,GAN)生成的面孔可能具有语义上的不一致,如耳环不匹配。这些语义上的失败为防御者提供了获得不对称优势的机会。一套完整的语义不一致检测器套件将极大地增加媒体伪造者的负担,要求伪造媒体的创建者正确弄清每个语义细节,而防御者只需找到一个或很少的不一致即可。

DARPA 正在寻求革命性的思路以形成可以对伪造的多模式媒体进行严密且可行的检测、归因和表征的能力。项目将开发利用伪造媒体中语义不一致的方法,以跨媒体方式大规模地执行这些任务。语义取证方法和语义取证系统有望在越来越复杂的媒体上运行,包括在多种媒体资产之间进行推理,同时在整个工作过程中提高检测、归因和表征性能。DARPA 语义取证系统 SemaFor[34] 如图 2-7 所示。

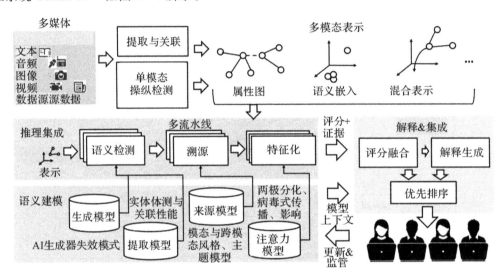

图 2-7 DARPA 语义取证系统 SemaFor[34]

SemaFor 项目涉及四个技术领域。

技术领域一:检测、归因与表征(Detection Attribution Characterization,DAC)。检测算法将检查单模式和多模式媒体资产,并检查语义不一致的原因,以确定媒体是否被伪造。归因算法将针对所声称的来源分析媒体资产的内容,以确定所声称的来源是否正确。能够支持将伪造的媒体归因于伪造者组织或个人的归因算法也很受关注,但并不是主要关注点。表征算法将检查媒体资产的内容,以确定其是否出于恶意目的被伪造。

技术领域二:解释与集成。开发将技术领域一中的多个检测方法得分融合生成单个得分的算法,用于支持分析师的优先级划分和审查。归因和特征评分也会发生类似的融合。开发算法自动将技术领域一中组件提供的证据汇总,并整理成对分析师的简要说明,基于得分和证据来优先选择供人工审核的伪造媒体。

技术领域三:评估。评估的目的是了解语义取证功能可以怎样满足潜在的过渡合作伙伴(如美国国防部、情报社区和商业组织)的需求,并了解该计划针对其科学目标的进展。评估将表征原形系统的所有元素。DARPA 也有兴趣了解在哪些地方可以通过自动算法来最好地增强人的能力。因此,设计实验来为伪造媒体的检测、归因与表征建立人类的能力基线。

技术领域四:挑战策展。组织从公共领域提出的最新技术(SOTA)挑战,以确保语义取证计划能够解决相关威胁情况。根据当前和预期的技术开发威胁模型,以帮助确保语义取证防御在可预见的未来高度相关。将定期向技术领域三评估团队和DARPA提供挑战和更新的威胁模型。

根据美国政府的公开数据[35],该项目的主要承担机构包括:Par政府系统公司(Par Government Systems Corporation),经费1 190万美元,研究主题为"语义空间"(SemaSphere);洛克希德·马丁公司(Lockheed Martin Corporation),经费1 480万美元,研究主题为"DICE:DAC集成与上下文解释"(DAC INTEGRATION AND CONTEXTUAL EXPLANATION,DICE);系统与技术研究有限责任公司(Systems & Technology Research LLC),经费480万美元,研究主题为"语义供攻击模型"(Semantic Attack Models);Kitware公司,经费1 190万美元,研究主题为"语义信息防御"(Semantic Information Defender);国际斯坦福研究所,经费1 100万美元,研究主题为"MALAISE:指向意图和语义证据的多媒体分析"(Multi-media Analysis Leading to Intent and Sematic Evidence,MALISE)。普渡大学也承担了该项目的研究[36],研究主题为"DISCOVER:一种用于语义不一致验证的数据驱动集成方法"(DISCOVER:A Data-Driven Integrated Approach for Semantic Inconsistencies Verification)。

2.1.6 影响力活动感知与理解(INCAS)

DARPA于2020年启动了影响力活动感知与理解(INfluence Campaign Awareness and Sensemaking,INCAS)研究计划[37]。该项目将开发技术和工具,使分析人员能够以定量的置信度来检测,表征和跟踪地缘政治影响力运动。

DARPA认为[38],美国与其对手在进行着一场不对称、持续的武器化影响力叙事战争。攻击者通过博客、推文和其他在线多媒体内容中具有影响力的消息,传递错误或真实的信息。分析师需要有效的工具来不断对庞大、嘈杂的自适应信息环境进行感知,以识别对手的影响力运动。分析师任务活动(外圈)和影响力运动(内圈)概念模型[38]如图2-8所示。使用当前的工具,分析师必须手动筛选大量消息,以查找具有相关影响力议程的消息,然后评估哪些消息正在吸引哪些人群。分析师使用数字营销工具跟踪人口反应,以分析受众人口统计、兴趣和个性,但这些工具缺乏对更深层次的地缘政治影响的解释和预测能力。受众群体分析通常使用基于在线和调查数据的静态受众特征细分来完成,但这缺乏动态地缘政治影响活动的检测和感知所需的灵活性、解析度和及时性。

DARPA专门指出[38]:"虽然错误信息和虚假信息确实在影响力活动中起作用,但只关注错误信息或虚假信息检测的方法(如"假新闻")没有意义,因为影响力活动还可以围绕真实事件和事实建立叙述。"可见美国军方已不再满足于仅针对于"虚假信息"(misinformation)或"假新闻"(fake news),而是公开、明确地开始针对任何与之利益不符的影响力运动(influence campaigns),即使这些活动基于真实事件和事实。

DARPA希望,通过INCAS,研究人员将利用、完善、扩展或组合最先进的自然语言处理(NLP)技术,以进行地缘政治影响活动的检测和表征,并将重点放在分析师对数据的感知与理解的能力提升上。

INCAS项目涉及五个技术领域,如图2-9所示。

技术领域一：影响指标检测。开发识别在线消息中影响指标的技术，包括议程、关注和情绪等。

技术领域二：人群响应特征。开发针对一组影响性消息的响应人群的细分技术，使用心理和人群统计学属性对每个细分进行特征化，并识别这些属性、影响指标和响应之间的相关性。

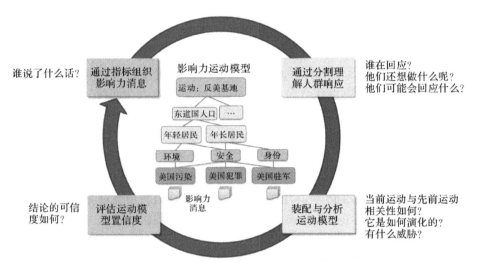

图 2-8　分析师任务活动(外圈)和影响力运动(内圈)概念模型[38]

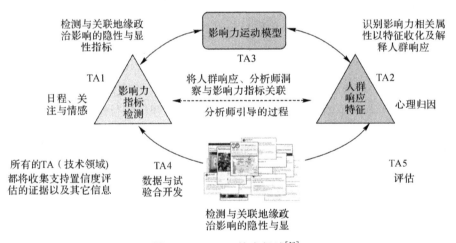

图 2-9　INCAS 技术领域[38]

技术领域三：影响力活动建模。开发用于影响力活动的分析师-机器感知的技术，包括帮助分析师评估活动模式的置信度。

技术领域四：数据和测试平台开发。开发基础结构，以从在线资源向所有技术领域提供社交媒体消息传递和其他数据馈送。收集并保留社交媒体和其他在线数据，并实施底层数据分析。开发应用程序编程接口(API)，以便其他技术领域中的执行者可以访问数据，并将其算法的输出发布到基础架构中。此外，开发供程序使用的测试平台基础设施。

技术领域五：计划评估。设计和进行技术评估(包括指标和情景定义)，为计划情景开发基础真相评估数据，管理计划主题专家(SME)小组，与运营利益相关者小组进行协调，并协调项目负责人会议活动。

DARPA 已于 2021 年 9 月 2 日宣布一系列高校与公司的研究人员入选 INCAS 计划[39]。由智能信息系统公司（Smart Information Flow Technologies，SIFT）、加拿大商业公司（Protagonist Technology）、南加州大学信息科学研究所（ISI）、伊利诺伊大学厄巴纳·香槟分校和 Uncharted 软件领导的研究团队将致力于开发自动化技术和工具，以帮助美国分析师在地缘政治在线影响力活动的检测和意义构建。此外，由先进技术实验室洛克希德·马丁和马里兰大学情报与安全应用研究实验室（ARLIS）领导的团队将支持由此产生的 INCAS 技术的测试、评估和过渡工作。

该计划的第一个重点是开发工具，使分析师能够直接和自动检测多语言在线消息中地缘政治影响的隐式指标和显式指标。在该技术领域工作的研究团队将由 SIFT、Protagonist Technology 和南加州大学 ISI 领导。

为了解释和预测人群对影响信息的反应，第二组研究人员将致力于开发工具，动态划分响应人群，并识别与地缘政治影响相关的心理属性。假设心理属性，如世界观、道德观和价值观，与地缘政治影响反应的相关性比用于营销的个性和人口统计属性更强烈。因此，由伊利诺伊大学厄巴纳·香槟分校和南加州大学 ISI 领导的研究团队将致力于开发技术来对响应人群进行细分，使用心理和人口统计属性来表征每个细分，并确定这些属性、影响指标和回复。

第三个研究领域将专注于开发分析师指导的影响力活动建模工具，以加速分析师检测影响力指标和消息传递的能力，并随着时间的推移跨多个平台将影响力指标和消息与人口响应联系起来。由 Uncharted 软件领导的研究人员将致力于创建具有丰富人机界面（HMI）的数据建模工具，使分析师能够组装和比较活动模型，并保持对评估的信心。

在第四个研究领域，希德-马丁被选中开发一个测试平台，并提供社交媒体消息和其他数据源，研究团队可以使用这些数据来开发和评估他们的 INCAS 工具。

最后，马里兰大学情报与安全运用研究实验室将致力于设计和进行技术评估，开发项目场景的真实评估数据，管理多学科主题专家组，并支持第五研究领域下的过渡评估工作。

2.1.7 可计算文化理解（CCU）

DARPA 于 2021 年启动了可计算文化理解（Computational Cultural Understanding，CCU）项目。该计划拟创造跨文化语言理解技术，以提高美国国防部的态势感知和互动效率。

DARPA 认为，美国政府及其包括国防部在内的机构都在全球范围内运作，并不断接触不同的文化。交流理解，不仅是对当地语言的理解，也是对社会习俗和文化背景的理解，是民政和军事信息支持行动活动的核心，这些活动共同构成了美国绝大多数反叛乱和稳定努力。类似地，文化理解对成功的信息操作至关重要，信息操作越来越多地涉及所谓的"认知-情感"冲突，其中情感和想法是目标。跨文化交际的失误不仅会破坏谈判，而且可能成为导致战争的一个因素。当存在显著的社会、文化或意识形态差异时，交际失败的可能性急剧增加。

CCU 将建立自然语言处理技术，识别、适应并推荐如何在不同社会、语言和群体亲和力的情感、社会和文化规范中运作。为了支持不同的紧急用例，CCU 技术将被设计成在当地文化中只需要最少甚至不需要训练数据，同时最大限度地提高运营商在现场谈判和其他互动中的成功率。系统将利用心理学、社会学或其他相关学科的定性和定量研究结果，以及最小监督机器学习技术,而不是主要依赖带注释的训练数据,以便推断上下文中未标记话语行为的含义。

CCU 项目涉及三个技术领域,如图 2 - 10 所示。

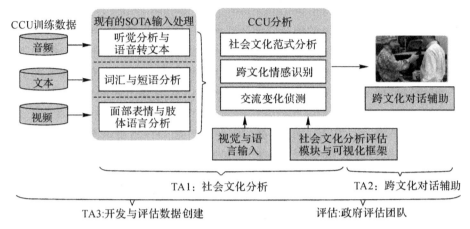

图 2 - 10　CCU 技术领域

其中,技术领域一是社会文化分析,包括三个不同的研究任务:①发现社会文化范式;②识别跨文化情绪;③侦测交流变化。

其中任务一侧重于自动发现人类通过一生的学习和互动通常获得的隐性知识的社会文化规范。为了模仿这种学习能力,研究人员将创造新的技术,能够发现和描述在未标记的话语中观察到的社会文化范式。预计技术方法将借鉴现有的无监督建模计算技术,如用于聚类的图形和嵌入技术、用于规范描述和表征的神经网络注意模型和/或混合统计和符号方法,以及心理学、社会学或其他相关学科的研究结果。此外,算法必须能够利用为任务二开发的分析检测到的负面情绪,以便识别潜在的违反规范的情况。

对于任务二,研究人员将致力于通过提高连续、分段级多模态跨文化情感识别技术的性能,在不同文化中推广情感识别,以克服当前系统在跨文化环境中表现出的显著性能退化。对抗性学习技术有望缩小这一绩效差距,但只有通过多元文化模型,借助所有语言的标记训练数据,才能实现相对均等。研究人员必须创造能够达到或超过最先进的单一文化情绪识别引擎性能的技术,同时最小化或消除测试文化中对标记训练数据的需求,才能实现文化通用、普遍的情绪识别能力。

对于任务三,人类自然能够感知话语中规范和情感的重要变化,而目前计算机检测这些变化的能力要差得多。任务三的研究将侧重于分析任务一和任务二关于面对面交互或文档的输出,以检测多个时间尺度的变化,从而确定在情感表达、互动过程中规范的演变,以及长期文化趋势中有影响的变化。

技术领域二是跨文化对话辅助,希望提供计算机模型评估交流互动进展、识别误解冲突,以及实时提供补救措施的能力。研究必须面对当前对话系统尚未解决的多种挑战,包括自动检测社会文化背景(如交流者的社会角色、相对年龄、性别等,以及社会环境的具体情况)、自动识别操作员援助的需要和对话生成,同时合并程序外部机器翻译组件。

技术领域三是开发与评估数据创建,目标是以多种文化/语言创建用于开发和评估的数据,以支持技术领域一和技术领域二的研究工作,以及单个组件和最终用户应用程序的性能度量。计划先研究的语言是汉语。

2.2　美国自然科学基金相关研究项目

以"Misinformation""Fake news"等为关键词,在美国国家自然科学基金网站查询到以下相关项目(见表2-2)。

表 2 - 2　美国自然科学基金相关项目概况

项目名称	启动时间	主持单位	项目经费 /万美元
跟踪与分析谣言排列以理解在线集体意义建构	2017年	华盛顿大学(University of Washington)	约51
跟踪、揭示和检测众包操纵	2017年	伍斯特理工学院(Worcester Polytechnic Institute)	约49
互联网时代的信息误解	2018年	俄亥俄州立大学(Ohio State University)	约54
揭开在线虚假信息的轨迹:通过应用和转换混合方法来识别、理解和交流信息来源	2018年	华盛顿大学(University of Washington)	31
线上错误信息动力学	2019年	雷城大学(Syracuse University)	约50
使用弹性蜜罐作为社交网络实时恶意内容嗅探器	2020年	路易斯安耶大学拉斐特分校(University of Louisiana at Lafayette)	17.5
新冠响应下复杂在线环境中人与信息动态交互	2020年	佛罗里达大学(University of Florida)	约8
通过情境感知的可视化信息处理来应对COVID-19错误信息	2020年	匹兹堡大学(University of Pittsburgh)	约10

2.2.1　跟踪与分析谣言排列以理解在线集体意义建构

项目(CHS:Small:Tracking and Unpacking Rumor Permutations to Understand Collective Sensemaking Online)[40]于2017年启动,项目周期4年,经费51万美元,研究人员包括华盛顿大学的Emma Spiro与Kate Starbird。该项目属于美国国家自然科学基金"以人为本的计算"(Human-Centered Computing,HCC)计划项目。

这项研究提出了有关在线谣言的实证和概念问题,并提出以下问题:①在线谣言在生命周期内如何发生变异、分支和其他演变？②如何将谣言的线下传播理论扩展到在线互动环境中可能是哪些(技术和行为)因素影响了流言的动力学,使得在线环境成为信息流的独特环境？

为了回答该项目的核心问题,该项目的研究人员将开发新颖的方法来随着时间的流逝识别和跟踪谣言,检测谣言故事中的线索及谣言本身的排列。这将使研究人员能够绘制谣言的轨迹,从而洞悉特定谣言的结构和更广泛的谣言类型。使用这些地图,研究人员将采用互补的定量分析和定性分析及概念模型,以通过谣言排列的角度更好地理解在线集体意义的建构过程。定性分析将涉及对不同类型排列的基本原理进行分类和理解,而定量模型将帮助研究人员了解谣言中不同类型排列的总体模式,得出关于集体意义建构的结论。通过对社交媒体数据的分析和访谈,研究人员将完善和扩展新方法,以进行大规模在线交互的混合方法分析,增强对在线谣言和集体意义的实证,为概念性理解的工作提供机会,以抚平、激化和同化的思想为基础,扩展经典的谣言失真理论,并为结合故事动态和特定于在线空间的因素在网上传播复杂故事开发新的理论。

2.2.2　跟踪、揭示和检测众包操纵

项目(CAREER：Tracking，Revealing and Detecting Crowdsourced Manipulation)[41] 于2017年启动,项目周期5年,经费489 298美元,研究人员为来自伍斯特理工学院的 Kyumin Lee。该项目属于国家自然科学基金"安全可信网络空间"(Secure & Trustworthy Cyberspace)计划。

该项目的目标是创建算法、框架和系统来保护开放网络生态系统免受新型威胁的破坏。项目旨在分析众包操纵者的恶意任务和行为,通过开发新型恶意任务检测器来对众包平台进行检测、设计和建立任务黑名单,发现众包操纵的生态系统并检测参与者,进而将众包操纵的检测方法与其他恶意参与者的检测方法相结合。

目前,众包系统已经在成功的在危机发现、蛋白质折叠、翻译等领域组织了数以百万计的工作者来解决棘手问题,然而,它也可能被应用于一些危害社会的场景。其中一种形式就是大规模的"众包操纵"：即通过组织大量低薪工人在社交媒体中传播恶意 URL,形成人为推动的"草根运动",同时对搜索引擎进行操纵。众包操纵威胁了开放网络生态系统的基础降低了在线社交媒体的质量,降低了民众对搜索引擎的信任,操纵了政治观点,并最终降低网络空间的安全性和可信度。

研究人员认为,开展该项目的价值在于它将推进当前的安全系统从而防止网络空间中的众包操纵。该项目通过检测众包平台中的恶意任务,可以从根本上改变恶意任务问题的格局。通过恶意任务的早期检测,有可能改变现有的安全和可信信息系统解决方案;恶意任务检测系统识别出的恶意任务,可以用作创建新黑名单的样本;而形成的黑名单则可以阻止恶意任务传播到流行的在线目标站点。利用这种新技术,有可能在不久的将来实现检测几乎所有的众包操纵。总体而言,该项目将加深对众包操纵问题的理解,并且拟议的检测框架在防止众包操纵方面将是对当前安全系统的有益补充,使众包服务提供商和目标站点提供商获得检测众包操纵的能力,同时保护信息质量与信任。

2.2.3　互联网时代的信息误解

项目（CAREER：Information Misperceptions in the Internet Era）[42]于 2018 年启动，项目周期 6 年，经费 536 771 美元，研究人员为来自 Ohio State University 的 R. Garrett。该项目属于美国国家自然科学基金"以人为本的计算"计划项目。

该项目认为，尽管学术界经常将在线新闻和政治谈话有可能促进人们对虚假或误导性事实主张的信念归因于互联网的鲜明特征（例如，没有看门人可以自由筛选令人讨厌的证据，以及个性化系统使新闻消费者免受令人不快的事实困扰），但是，这些机制在很大程度上是推测性的，与现有数据不太吻合。该项目致力于对互联网时代的政治误解进行理论基础和实证检验的理解。

该项目假设既关注与使用在线新闻媒体相关的广泛影响，也关注这些影响发生的机制。具体而言，一系列媒体效应假说解决了以下问题的普遍性和后果：①媒体曝光决策中的党派偏见；②使用社交媒体作为政治新闻的来源；③自动化（并且经常是不可见的）个性化技术将影响在线新闻消费者看到的内容。第二组更细微的预测涉及这些技术如何导致个人更可能接受真正的不准确政治信息。这些假设将所讨论技术的属性与有关处理流畅性影响和同化的既定理论工作联系起来了。

为了检验假设，该研究将对美国人的代表性样本进行的多波调查与一系列旨在评估理论上特定机制的受控实验相结合。第一年将进行三波调查，第五年将进行两波调查，这与美国总统选举相对应。在早期阶段评估受访者对各种在线政治新闻资源和服务的使用，并在后期阶段评估受访者对政治知识和误解的存储，将提供有关使用这些互联网技术的后果的明确证据。第一次调查还将包括一个嵌入式实验，以测试现场处理流畅性的影响。在接下来的几年中将进行一系列相互关联的实验。第二年将集中于测试元认知经验的影响，如处理流利程度、对错误信息的接受和事实更正。第三年的重点将放在情感上，测试对政治主张的情感反应对个人评估的影响。第四年的实验将着重于有偏见的同化，因为它可以提高可信度，并关注制度信任和个人对参与者信念的判断的相对重要性。

2.2.4　揭开在线虚假信息的轨迹

项目（CAREER：Unraveling Online Disinformation Trajectories：Applying and Translating a Mixed-Method Approach to Identify，Understand and Communicate Information Provenance）[43]于 2018 年启动，项目周期 4 年，经费 313 003 美元，研究人员为华盛顿大学 Kate Starbird。该项目属于美国国家自然科学基金"以人为本的计算"计划项目。

项目认为，该项目将增进人们对在线环境中虚假信息传播的理解。它将为社会计算、危机信息学和以人为中心的数据科学领域的人机交互做出贡献。从概念上讲，它应用结构化理论的视角，探讨了技术、结构与人类行为之间的关系，以理解技术能力如何塑造在线行为、在线行为如何塑造信息空间的基础结构，以及这些集成结构如何塑造信息轨迹。从方法上讲，它可以进一步发展、阐明和评估对"大"社会数据进行迭代混合的解释性分析的方法。最后,它的目的是利用这些经验性、概念性及方法论成果来开发全新的追踪虚假信息轨迹的解决方案。

线上虚假信息的传播是线上系统与人类行为交集中的一个社会问题。该研究计划旨在加深人们对信息散播的方式和原因的理解,并开发包括人道主义应急人员和日常分析人员在内的人们可以用来检测、理解和交流其传播的工具和方法。该研究具有三个具体的相互关联的目标:①更好地了解虚假信息的产生、演化和传播;②扩展、支持和阐明一种分析"大"社交媒体数据的方法论方法,以用于识别和交流与信息流有关的"信息来源";③适配和转换此方法的工具和方法,以供不同的用户用来识别虚假信息并传达其起源和轨迹。更广泛地说,它将通过增进对技术能力、社会网络结构、人类行为和故意欺骗策略之间的关系的理解和概念化来促进科学的发展。该计划包括一项教育计划,支持博士研究生的培训,并通过多种机制(包括以学分制的研究小组和学术衔接计划)招募各种本科生进行研究。通过加强对技术能力、社会网络结构、人类行为和故意欺骗策略之间关系的理解和概念化,它将有助于科学的发展。

2.2.5 线上错误信息动力学

项目(CHS:Small:Online Dynamics of Misinformation)[44]于2019年启动,项目周期3年,经费50万美元,研究人员为来自雷城大学的Joshua Introne。该项目属于美国国家自然科学基金"以人为本的计算"计划项目。

项目认为,这项研究将使我们更好地理解错误信息如何在网络中融入叙事,技术如何影响这一过程,以及如何使用设计来改变它。在线错误信息会影响公众的健康态度,可能会耗费数十亿美元和大量生命。在线叙事是一个重要的查询对象,因为叙事是人们构建社会共享信仰体系的基础,可以成为错误信息在网上传播的主要手段。因此,当务之急是我们必须更好地理解在线社交环境中态度、错误信息和叙述之间的相互作用。这项研究将有助于我们了解以技术为媒介的社会系统与公共卫生态度之间的复杂互动,直接导致有关如何设计社会技术策略以纠正其中嵌入的错误信息的新见解。更一般地,该建议将开始探索在错误信息的背景下不同的设计特征如何与叙事的产生相互作用。最重要的是,这项研究将产生关于在线网络设计如何影响多种错误信息纠正的一系列见解。

该项目将扩展到一系列基于人群的实验,以调查在线网络中的人们如何一起工作,以结合错误信息来创建和捍卫公众的叙事健康。这些实验利用一种新颖的研究平台来检查在线网络中人们如何结合信息来创建连贯的故事。这些研究将考虑三个研究问题:

1)信息如何在与其他相互关联的信息上下文中传播?

2)关于信息可信度的不同信号如何影响故事的创建?

3)网络多样性和纠正信息的内容如何影响纠正社交共享故事中嵌入的错误信息的尝试?

所有这些研究都考虑了现有的公共卫生态度如何影响在线网络中人们处理公共卫生信息的方式。这项工作将扩展当前的信息传播模型,以解释一个事实,即个体所接触的各个信息彼此之间及接收者的背景知识、信念和态度是相互依赖的。该项目还将考虑如何设计社交信号,如帖子收到的"赞"次数及先前的态度如何相互作用。

2.2.6　使用弹性蜜罐作为社交网络实时恶意内容嗅探器

项目（CRII：SaTC：Empowering Elastic-honeypot as Real－time Malicious Content Sniffers for Social Networks）[45] 于 2020 年启动，项目周期 2 年，经费 175 000 美元，研究人员为来自路易斯安那大学拉斐特分校的 Xu Yuan。该项目属于美国国家自然科学基金"安全可信网络空间"（Secure & Trustworthy Cyberspace）计划。

项目提出，垃圾邮件、错误信息、虚假信息与欺诈行为在社交网络上非常普遍。为了从良性和有用的内容中分离出此类恶意内容并保护社交网络，需要强大的内容分类系统。但是，在设计此类系统之前，需要训练分类器的数据。蜜罐是获取有关恶意攻击者行为的数据的好方法。传统的蜜罐依靠人工创建的人工用户账户来诱骗攻击活动。但是，此类蜜罐通常容易被聪明的攻击者识别。他们还遭受缺乏部署灵活性、功能可变性、网络可扩展性和系统可移植性的困扰。该项目开发了一种新颖且轻便的基于蜜罐的恶意内容捕获系统，攻击者无法轻易绕过该系统。然后，蜜罐用于智能地收集内容并将内容自动分类为可能的恶意和可能的良性，目的是减轻恶意内容的不利影响并清理社交环境，从而大大提高社交网络的安全性和信任度。

该项目开发了一种新颖、轻量级的基于蜜罐的恶意内容嗅探系统，称为弹性蜜罐嗅探器，以克服传统的基于蜜罐的解决方案中的缺点。弹性蜜罐嗅探器包含两个核心组件：①实时数据收集；②弹性蜜罐检测器。该项目使用现有垃圾邮件数据集上的强大学习技术，确定了被认为是垃圾邮件发送者有利可图目标的用户功能和行为特征。对于实时数据收集，Elastic－Honeypot 会根据学习到的易受攻击的用户配置文件动态部署人工用户账户作为诱饵，以智能地诱捕攻击者。与传统蜜罐技术相比，其主要优点是节点可用性、部署灵活性、功能可变性、网络可伸缩性和系统可移植性。

2.2.7　新冠响应下复杂在线环境中人与信息动态交互

项目（RAPID：Dynamic Interactions between Human and Information in Complex On-line Environments Responding to SARS－COV－2）[46] 于 2020 年启动，项目周期 1 年，经费 82 041 美元，研究人员为来自佛罗里达大学的 Yan Wang。该项目属于美国国家自然科学基金"COVID－19 研究"（COVID－19 Research）计划。

项目认为，此快速反应研究（RAPID）项目有助于在美国大规模流行病（COVID－19）暴发期间在线环境中了解风险、危机沟通和行为传染的基础知识。该项目可增进人们对健康和反应机构如何改善的认识。通过定量展示社交媒体在美国 COVID－19 大流行反应期间在信息传播中的复杂作用，来确保可信的信息在社交媒体中占主导地位。研究结果将有助于理解如何减少因错误或虚假信息而导致不适当行为（如不保持社交距离）和可预防的死亡的风险，开发的工具将使对时间的要求至关重要，从而可以跟踪准确和不准确的信息。

该项目研究在在线环境（即 Twitter）中交流 COVID－19 时的信息和人类反应动态。该研究确定了关键影响者和错误信息来源，并研究了随着时间推移不同信息类别中的共同进化。

结果将帮助人口卫生机构和利益相关者更好地了解如何战略性地利用可信信息抑制错误信息并减轻其不良后果。此外,该项目还揭示了不协调的信息如何破坏社区的响应目标。该研究通过检查动态信息流网络中的社交媒体活动、情绪和相关主题,来理解公共卫生机构、其他政府利益相关者与公众之间的交流互动影响。这些发现将为病毒传播和预防的未来风险交流策略提供依据。研究人员使用系统动态建模来研究 COVID - 19 特定通信的参考模式。这些技术评估了关于流行病控制传播的可靠信息和错误信息的时间轨迹,从而反过来为复杂的大规模伤亡事件和灾难性健康事件(如剧毒流行病和全球大流行病)的未来风险交流提供了战略协调。

2.2.8 通过情境感知的可视化信息处理来应对 COVID - 19 错误信息

项目(RAPID:Countering COVID - 19 Misinformation via Situation-Aware Visually Informed Treatment)[47] 于 2020 年启动,项目周期 1 年,经费 104 491 美元,研究人员为来自匹兹堡大学的 Yu-Ru Lin、Adriana Kovashka 和 Wen-Ting Chung。该项目属于美国国家自然科学基金"COVID - 19 研究"计划。

项目认为,随着 COVID - 19 大流行的蔓延,全球各个国家和城市都采取了严格的措施,包括检疫和区域封锁。越来越多的孤立及恐慌和焦虑为应对错误信息带来了挑战——人们越来越多地利用他们已经熟悉的在线信息源,而访问替代故事的机会越来越少。该项目将开发基于文本和图像分析、社会心理学和众包的机制,这些机制可以及时用于正在进行的 COVID - 19 危机期间及以后应对错误信息。该方法的新颖特征之一是通过众包真相来对抗错误信息。这项研究将有助于对错误信息和有说服力的叙事结构的科学理解,有助于评估错误信息传播的风险,并有助于发展应对错误信息的机制。

该项目的技术目标分为三个重点。

第一个重点将调查多模式社交媒体帖子的哪些信息内容和哪个特定部分(如一段文本、带有图像的文本、带有嵌入口号的图像)将收到更强的响应,从而增加帖子被发布的可能性共享。

第二个重点将基于从用户所接触的内容中学到的预测变量,创建度量以评估错误信息传播的可能性。

第三个重点将集中在开发基于市民记者对现场调查的投入和机器学习技术的错误信息处理系统。最后,将通过调查研究和访谈对系统进行评估,以检查系统在减少错误信息的传播和影响方面的可用性、有用性和有效性。

2.3 牛津大学"计算宣传"研究项目

计算宣传(Computational Propaganda,COMPROP)[48] 是牛津大学于 2016 年启动的项目,由欧盟委员会、欧洲研究理事会及福特基金会提供资助,由牛津大学牛津互联网学院实施。

该项目研究算法、自动化和政治之间的相互作用,包括分析如何使用社交媒体机器人等工具通过放大或压制政治内容、虚假信息、仇恨言论和垃圾新闻来操纵公众舆论。使用组织社会学、人机交互、通信、信息科学和政治学的观点来解释和分析收集的证据。

该项目研究了使用社交媒体进行舆论操纵的情况[49]。项目团队由来自 9 个国家或地区的 12 名研究人员组成。他们共采访了 65 位专家,在数十次选举、政治危机和国家安全事件期间,分析了七个不同社交媒体平台上的数千万条帖子。针对美国、加拿大、俄罗斯、乌克兰等九个国家或地区,基于收集的定性、定量和计算证据进行了案例研究。形成的报告收录至《计算宣传》一书,并于 2018 年正式出版,如图 2-11 所示。

图 2-11 牛津大学出版社《计算宣传》[50]

他们得到的主要结论:①社交媒体是重要的政治参与平台,也是传播新闻内容的重要渠道;②社交媒体被积极地用作操纵舆论的工具,尽管其方式和主题不同;③各个国家的民间社会团体都在艰难尝试保护自己以及应对主动的虚假信息活动。

例如,该研究团队认为美国操纵舆论的基本特征是制造线上共识。研究团队试图回答机器人是否有能力影响社交媒体上的政治信息流,并通过两种方法途径回答了这个问题:①定性分析政治机器人在 2016 年美国大选期间如何被用于支持美国总统候选人及竞选活动;②采用网络分析美国大选期间政治机器人在 Twitter 上的影响。定性调查结果基于对竞选活动进行的 9 个月的实地考察,包括对机器人制造者、数字化竞选战略家、安全顾问、竞选人员和党委官员的采访。分析结果表明,在 2016 年竞选期间,民主党和共和党均利用了政治机器人。尤其是共和党,在整个选举期间都特别使用了这些数字政治工具。该研究提供了证据,表明机器人以两种关键方式影响信息流:①通过"制造共识"或给人以巨大的线上流行感,以形成真实的政治支持;②通过"民主化宣传",促使所有人参与到以放大对党派的盲目支持为目标的在线互动中来。该研究团队还对 2016 年美国大选期间收集的超过 1 700 万条推文的转发网络中的影响机器人进行了定量网络分析,以补充这些发现。分析结果证实,机器人在 2016 年美国大选期间已具有可衡量的地位。因此,研究团队认为机器人确实在此特定事件中影响了信息流,并认为这种混合表明:机器人程序不仅已经作为一种广泛接受、被竞选人和公民使用的计算宣传工具而兴起,而且的确可以影响具有全球意义的政治进程。

除对多个国家和地区的案例进行研究之外,该研究团队于 2019 年还发布了一项针对全球社交媒体操纵的研究报告《全球虚假信息排名 2019 年度有组织社交媒体操纵的全球清单》(The Global Disinformation Order:2019 Global Inventory of Organised Social Media Manipulation)[52],如图 2-12 所示。

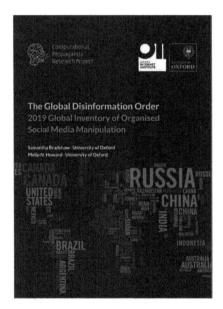

图 2-12 牛津大学《全球虚假信息排名 2019 年度有组织社交媒体操纵的全球清单》[52]

该研究团队通过连续三年监控全球政府和政党操纵社交媒体的组织机构,分析计算宣传的趋势及不断演进的工具、能力、策略与资源,发现 2019 年全球已有 70 个国家或地区开展了有组织的社交媒体操纵活动,远高于 2017 年的 28 个国家或地区以及 2018 年的 48 个国家或地区。网络部队被用于形成舆论、设置议程及传播思想。社交网络技术(算法、自动化和大数据)的出现改变了数字时代信息传输的规模、范围和精度。因此,该研究团队认为,使用算法、自动化和大数据来塑造公共生活的计算宣传,正在成为日常生活中无处不在的一部分。

第3章 侦察阶段的技术对抗

基于舆论操纵周期模型[4],在侦察阶段,信息内容攻击者的主要任务包括:①收集信息并分析目标受众;②衡量他们对感兴趣主题的忠诚度、接受度和成熟度。其中,收集信息主要通过网络数据抓取技术完成,目标受众的分析及衡量则通过用户画像技术完成。因此,本章将简要介绍网络抓取与用户画像技术进展,并介绍如何利用反抓取技术限制恶意攻击者肆意获取用户信息,以及如何利用社交网络蜜罐检测与误导攻击者对社交网络用户的侦查行为。

3.1 网络爬虫技术

3.1.1 网络爬虫及其分类

网络数据抓取,在英文中有两个词来表述:一个是 web crawling,主要是指使用机器人/爬虫程序,读取并存储网站内容的过程;另一个词是 web scraping,主要是指从网站或网页抽取数据的过程。两个词在很多情况下可以互相替换,但侧重点有所不同。

其中,网络爬取主要通过网络爬虫程序实现。网络爬虫是一种计算机程序,可遍历超链接并为其编制索引[53]。网络爬虫一般用于搜索引擎[53-58],但同样可用于采集目标受众的信息。网络爬虫的基础处理逻辑如图 3-1 所示[53]

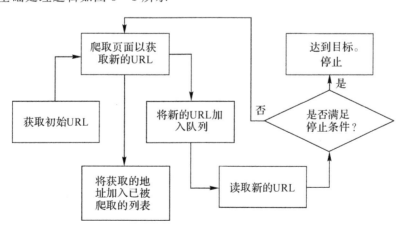

图 3-1 网络爬虫基础处理逻辑

网络爬虫按照系统结构和实现技术,大致可以分为以下四种类型:通用网络爬虫(General Purpose Web Crawler)、聚焦网络爬虫(Focused Web Crawler)、增量式网络爬虫(Incremental Web Crawler)、深层网络爬虫(Deep Web Crawler)。实际的网络爬虫系统通常是由四种爬虫技术相结合实现的。

(1)通用网络爬虫

通用网络爬虫,又称全网爬虫(Scalable Web Crawler),爬行对象从一些种子 URL 扩充到整个 Web,主要为门户站点搜索引擎和大型 Web 服务提供商采集数据。由于商业原因,它们的技术细节很少公布出来。这类网络爬虫的爬行范围广、数量巨大,对爬行速度和存储空间的要求较高,对爬行页面的顺序的要求相对较低,同时由于待刷新的页面太多,通常采用并行工作方式,但需要较长时间才能刷新一次页面。虽然存在一定缺陷,但通用网络爬虫适用于为搜索引擎搜索广泛的主题,有较强的应用价值。

通用网络爬虫的结构大致可以分为页面爬行模块、页面分析模块、链接过滤模块、页面数据库、URL 队列、初始 URL 集合六个部分。为提高工作效率,通用网络爬虫会采取一定的爬行策略。常用的爬行策略有深度优先策略、广度优先策略。

1)深度优先策略:其基本方法是按照深度由低到高的顺序,依次访问下一级网页链接,直到不能再深入为止。爬虫在完成一个爬行分支后返回到上一链接节点进一步搜索其他链接。当所有链接遍历完后,爬行任务结束。这种策略比较适合垂直搜索或站内搜索,但爬行页面内容层次较深的站点时会造成资源的巨大浪费。

2)广度优先策略:此策略按照网页内容目录层次深浅来爬行页面,处于较浅目录层次的页面首先被爬行。当同一层次中的页面爬行完毕后,爬虫再深入下一层继续爬行。这种策略能够有效控制页面的爬行深度,避免遇到一个无穷深层分支时无法结束爬行的问题,实现方便,无需存储大量中间节点,不足之处在于需较长时间才能爬行到目录层次较深的页面。

(2)聚焦网络爬虫

聚焦网络爬虫(Focused Crawler),又称主题网络爬虫(Topical Crawler),是指选择性地爬行那些预先定义好的与主题相关的页面的网络爬虫[8]。与通用网络爬虫相比,聚焦网络爬虫只需要爬行与主题相关的页面,极大地节省了硬件和网络资源,保存的页面也由于数量少而更新快,还可以很好地满足一些特定人群对特定领域信息的需求。

与通用网络爬虫相比,聚焦网络爬虫增加了链接评价模块及内容评价模块。聚焦网络爬虫爬行策略实现的关键是评价页面内容和链接的重要性,不同的方法计算出的重要性不同,由此导致链接的访问顺序也不同。

1)基于内容评价的爬行策略:DeBra 将文本相似度的计算方法引入到网络爬虫中,提出了 Fish Search 算法。它将用户输入的查询词作为主题,包含查询词的页面被视为与主题相关,其局限性在于无法评价页面与主题相关度的高低。Herseovic 对 Fish-Search 算法进行了改进,提出了 Shark-search 算法,利用空间向量模型计算页面与主题的相关度高低。

2)基于链接结构评价的爬行策略:Web 页面作为一种半结构化文档,包含很多结构信息,可用来评价链接的重要性。PageRank 算法最初用于搜索引擎信息检索中对查询结果进行排序,也可用于评价链接重要性,具体做法就是每次选择 PageRank 值较大页面中的链接来访问。另一个利用 Web 结构评价链接价值的方法是 HITS 方法,计算每个已访问页面的 Authority 权重和 Hub 权重,并以此决定链接的访问顺序。

3)基于增强学习的爬行策略:Rennie 和 McCallum 将增强学习引入聚焦网络爬虫,利用贝叶斯分类器,根据整个网页文本和链接文本对超链接进行分类,为每个链接计算出重要性,从而决定链接的访问顺序。

4)基于语境图的爬行策略:Diligenti 等人提出了一种通过建立语境图(Context Graphs)学习网页之间的相关度来训练一个机器学习系统的策略。通过该系统可计算当前页面到相关 Web 页面的距离,距离越近的页面中的链接优先访问。印度理工大学(IIT)和 IBM 研究中心的研究人员开发了一个典型的聚焦网络爬虫。该爬虫对主题的定义既不是采用关键词也不是采用加权矢量,而是采用一组具有相同主题的网页。它包含两个重要模块:一个是分类器,用来计算所爬行的页面与主题的相关度,确定是否与主题相关;另一个是净化器,用来识别通过较少链接连接到大量相关页面的中心页面。

(3)增量式网络爬虫

增量式网络爬虫(Incremental Web Crawler)是指对已下载网页采取增量式更新和只爬行新产生的或已经发生变化网页的爬虫。它能够在一定程度上保证所爬行的页面是尽可能新的页面。与周期性爬行和刷新页面的网络爬虫相比,增量式爬虫只会在需要的时候爬行新产生或发生更新的页面,并不重新下载没有发生变化的页面,可有效减少数据下载量,及时更新已爬行的网页,减小时间和空间上的耗费,但是增加了爬行算法的复杂度和实现难度。增量式网络爬虫的体系结构包含爬行模块、排序模块、更新模块、本地页面集、待爬行 URL 集及本地页面 URL 集。

增量式网络爬虫有两个目标:保持本地页面集中存储的页面为最新页面和提高本地页面集中页面的质量。

为实现第一个目标,增量式网络爬虫需要通过重新访问网页来更新本地页面的集中页面内容。常用的方法:①统一更新法,爬虫以相同的频率访问所有网页,不考虑网页的改变频率;②个体更新法:爬虫根据个体网页的改变频率来重新访问各页面;③基于分类的更新法,爬虫根据网页改变频率将其分为更新较快网页子集和更新较慢网页子集两类,然后以不同的频率访问这两类网页。

为实现第二个目标,增量式网络爬虫需要对网页的重要性排序,常用的策略有:广度优先策略、PageRank 优先策略等。例如,IBM 开发的 WebFountain 是一个功能强大的增量式网络爬虫,采用一个优化模型控制爬行过程,并没有对页面变化过程做任何统计假设,而是采用一种自适应的方法根据先前爬行周期里爬行结果和网页实际变化速度对页面更新频率进行调整。北京大学的天网增量爬行系统旨在爬行国内 Web,将网页分为变化网页和新网页两类,分别采用不同的爬行策略。为缓解对大量网页变化历史维护导致的性能瓶颈,它根据网页变化时间局部性规律,在短时期内直接爬行多次变化的网页 。为尽快获取新网页,它利用索引型网页跟踪新出现网页。

(4)深网爬虫

Web 页面按存在方式可以分为表层网(Surface Web)和深网(Deep Web,也称 Invisible Web Pages 或 Hidden Web)。表层网是指传统搜索引擎可以索引的页面,以超链接可以到达的静态网页为主构成的 Web 页面。深网是那些大部分内容不能通过静态链接获取、隐藏在搜索表单后、只有用户提交一些关键词才能获得的 Web 页面。例如用户注册后内容才可见的网页就属于深网。2000 年 Bright Planet 指出,深网中可访问信息容量是表层网的几百倍,是互联网上最大、发展最快的新型信息资源。

深网爬虫体系结构包含六个基本功能模块（爬行控制器、解析器、表单分析器、表单处理器、响应分析器、LVS 控制器）和两个爬虫内部数据结构（URL 列表、LVS 表）。其中 LVS(Label Value Set)表示标签/数值集合，用来表示填充表单的数据源。

深网爬虫爬行过程中的最重要部分就是表单填写，包含两种类型。

1）基于领域知识的表单填写：此方法一般会维持一个本体库，通过语义分析来选取合适的关键词填写表单。Yiyao Lu 等人[25]提出一种获取 Form 表单信息的多注解方法，将数据表单按语义分配到各个组中，对每组从多方面注解，结合各种注解结果来预测一个最终的注解标签；郑冬冬等人利用一个预定义的领域本体知识库来识别深层网页页面内容，同时利用一些来自 Web 站点的导航模式来识别自动填写表单时所需进行的路径导航。

2）基于网页结构分析的表单填写：此方法一般无需领域知识或仅需有限的领域知识，将网页表单表示成 DOM 树，从中提取表单各字段值。Desouky 等人提出一种 LEHW 方法，将 HTML 网页表示为 DOM 树形式，将表单区分为单属性表单和多属性表单分别进行处理；孙彬等人提出一种基于 XQuery 的搜索系统，能够模拟表单和特殊页面标记切换，把网页关键字切换信息描述为三元组单元，按照一定的规则排除无效表单，将 Web 文档构造成 DOM 树，利用 XQuery 将文字属性映射到表单字段。

3.1.2 反爬虫技术

为防止未授权、恶意的内容抓取，可以采用多种技术的组合来增加数据爬取的难度。主要的反爬虫策略主要包括以下三类，如图 3-2 所示。

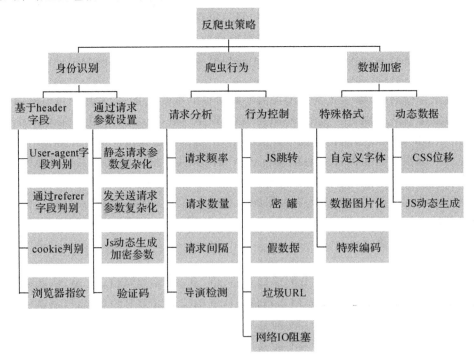

图 3-2 反爬虫策略分类体系

第一类方法是基于身份识别技术,判断当前访问页面的是爬虫或机器人。身份的判定可以通过分析 http 请求中的 header 字段进行,或者是分析请求的参数是否正确。

具体而言,header 字段中有很多可以被服务器用于判断是否为爬虫。例如,爬虫默认情况下没有 User-Agent,而是使用模块默认设置,这就成为判别爬虫的一个重要标志;爬虫默认情况下不会带上 referer 字段,服务器端通过判断请求发起的源头,以此判断请求是否合法;还可以通过检查 cookies 来查看发起请求的用户是否具备相应权限,以此来进行反爬。在更为严谨的情况下,可以利用浏览器指纹判断请求是否来自同一个来源。

分析请求的参数同样可以用于识别身份。请求参数的获取可以通过多种途径进行,例如可以通过从 html 静态文件中获取请求数据,或是通过发送请求获取请求数据,或是通过 JS 生成请求参数,以及通过验证码强制验证用户的浏览行为。

第二类方法是基于爬虫行为进行反爬。爬虫的行为与人类用户正常浏览时的行为必然会存在一定的差异,因此可以通过多种方式进行分析并筛选。整体而言可分为请求分析和行为控制两大类型。

其中,请求分析可以使用的特征包括请求的频率、总请求数量、请求间隔、来源 IP 等,而反爬虫策略可以相应对同一 IP/账号,以及频繁同步行动的一批账号和 IP 发出的请求进行频率、数量、间隔上的限制。

行为控制则是针对爬取行为的具体步骤设置障碍,大幅度增加爬取难度,常见的手段包括:在页面中加入 JS 跳转使爬虫无法从源码中获取 URL;使用蜜罐获取爬虫 IP、账号或指纹,对其进行限制;向返回的响应中加入正常浏览无法观察到的假数据污染对方数据库;生成大量垃圾 URL 堵塞对方爬虫任务队列从而降低爬虫爬取效率;在任务队列中混入大文件 URL 阻塞爬虫网络 IO 等。某些网站的运维平台可以对多种策略进行综合管理,通过多种手段共用实现更好的反爬虫手段。

第三类方法是对数据进行加密。加密既可以对响应数据进行特殊化处理,也可以使用动态数据。

其中,特殊化处理的方式包括使用自定义字体、将数据图片化以及使用特殊字符编码等手段;动态数据则包括使用 CSS 位移以及使用 JS 动态生成等手段。

除了上述方法以外,对网站进行一些基本的设置也会大幅度提升爬虫获取数据的难度。例如,要求只有注册用户才能查看重要信息或内容,并且用户必须通过实名制认证,这将大幅度降低重要信息被爬取的频度。此外,当侦测到爬虫后,仅提示封禁等限制,但避免给出过于详尽的技术信息,也有助于避免爬虫开发者逆向网站的反爬机制。另外,在网站的 URL 设计中,避免简单的遍历机制,可以防止爬虫通过简单的设置 ID 参数获取大量内容,而必须进行复杂的页面解析,增大爬虫的设计难度。最后,一个显然的结论是,当前迅速发展的人工智能技术,可以应用在上述任何一类方法中,显著提升上述方法的效率和效果。

3.2 用户画像技术

3.2.1 用户画像分类体系

获取、清理和呈现用户属性(如年龄、性别、城市等)的过程称为用户画像[59]。用户画像是基于用户真实数据的虚拟代表,是从海量数据中获取由用户信息构成的形象集合[60]。通过这个集合可以描述用户的需求、个性化偏好及用户兴趣等,从而为信息内容的攻击者提供潜在的候选目标,并为如何攻击目标提供依据。

用户画像应具备的基本性质包括基本性(Primary)、同理性(Empathy)、真实性(Realistic)、独特性(Singular)、目标性(Objectives)、数量性(Number)和应用性(Applicable),合称为PERSONA[61]。其中基本性指该用户画像是否基于对真实用户的分析;同理性指用户画像中包含姓名、照片和产品相关的描述,该用户画像是否引同理心;真实性指对那些使用画像的人来说,用户画像是否看起来像真实人物;独特性是指用户的画像是否是独特的,彼此很少有相似性;目标性是指用户画像是否包含与目的相关的高层次目标;数量性是指用户画像对应的用户数量是否适当;应用性是指画像是否可作为一种实用工具来支撑决策。

用户画像包括不同的构成维度。从信息的稳定性上来看,用户画像包括与用户个人相关的稳定信息(如该用户的个人基本信息、行为信息及习惯信息等稳定因素)与可变信息(如使用环境、搜寻目标等可能发生变化的因素)。

3.2.2 社交网络蜜罐技术

用户画像依赖于可以被获取的用户数据,因此,尽可能地减少用户数据暴露。例如,设置仅好友才能查看用户信息,以及用户最大好友数量等限制策略,有助于降低用户被信息内容攻击者精确画像,并遭受针对性攻击的可能性。

但是,社交网络等服务平台的公开性决定了无法从根源上杜绝攻击者获取用户画像信息。尤其是网络中具有显著影响力的意见领袖(Key Opinion Leader,KOL)、大V与网红等,更无法限制其发布的内容被其他用户感知。

一种可行的防御性策略是引入欺骗性目标。社交网络蜜罐就是其中的一种。在安全领域,蜜罐是防御者为攻击者设下的诱饵,通过主动模仿攻击者的目标,利用攻击者的企图来获取攻击者的身份信息、攻击策略与使用技术,或将他们从有价值的真实目标上引开。

社交网络蜜罐本质上是主动部署的虚拟社交网络账号[62-66],需要对社交网络上的信息内容攻击者表现出突出的吸引力,同时保证自身与正常社交网络的隔离性,尽可能不对用户的正常使用产生影响,且不引入新的风险。

　　显然,为了提升效率,蜜罐账号可以通过社交网络机器人(详见 5.1 节)来自动运行。但与一般机器人账户不同的是,蜜罐账户并不追求在正常用户中拥有显著的影响力,而只希望吸引到试图散布谣言、传播有害信息等的恶意内容攻击者。与网络安全中的蜜罐类似,社交网络蜜罐不需要对信息内容安全攻击者使用的具体技术手段做出过多假设,只需要分析他们的目标可能是具有什么特征的受众人群。因此,社交网络蜜罐可以捕获到未知类型的信息内容攻击。

　　针对社交蜜罐的隔离性,可以使用多种保护机制,具体包括:①在社交网络推广中自动忽略蜜罐账户,不主动向其他用户推荐蜜罐账号,也不主动向其他用户推送蜜罐账号发布的内容;②超过设计时限后蜜罐自动关闭,删除账号或清空内容,减少蜜罐对普通用户的影响;③通过合规判别防止蜜罐生成和传播有害信息,阻止有害信息的生成,并不会将有害信息在真实用户中进一步扩散;④利用虚拟机隔离蜜罐运行环境,预防社交蜜罐接收到的信息中包含恶意程序;⑤社交蜜罐的部署由社交网络运营商开展,或经过社交网络运营商的备案。

第4章　武器化阶段的技术对抗

基于舆论操纵周期模型[4],在武器化阶段,信息内容攻击者的主要任务是:(1)准备关键故事(即要传播给目标受众的事实版本),制订支持该关键故事的背景故事;(2)创建变体或"替代版本",这些都是"次要的"附带故事,也被"植入",因此,当知识渊博的读者不完全相信关键故事时,他们的好奇心会引导他们按照规划好的路径,找到这些附带故事,然而这些故事也是错误的;(3)设置成功和预期范围的指标。

为完成上述任务,攻击者需要对待发布的故事进行精心设计。其中,关键故事的叙事方式,往往采用一种或多种宣传模式,以期达到最佳的宣传效果;故事本身的撰写,除采用人工之外,还可以通过文本与多媒体的深度生成技术,实现大批量差异化内容的快速制造。

因此,本章主要介绍:①信息内容攻击者可能采用的具有误导性和侵略性的宣传模式,以及如何用技术手段侦测这些模式;②内容深度生成的基本方法与最新进展,以及如何检测深度伪造信息。

4.1　侵略性宣传

4.1.1　侵略性宣传模式

宣传,在中文语境下,是指向人讲解说明、传播与宣扬,在英语中有两个词与之对应,分别是 publicity 与 propaganda。其中,publicity 是中性的,是指引起公众对某事的兴趣的广告或其他活动;而 propaganda 往往是贬义的,指一系列旨在影响大量人的意见或行为的协调一致的信息,大多数时候是指政治宣传。在西方语境下,政治宣传提供信息的目的是在影响受众的态度时,往往会选择性地提供信息或利用信息,使特定人士或团体在其中受益。

利用偏见或情感等因素的影响,会加强人们对某一信息的接受程度,本书将这种类型的宣传手段称为侵略性宣传模式,从而与中性的以告之为目的的宣传相区别。为使传播的信息尽可能被受众接纳,信息内容安全的攻击者一般都会将内容进行加工,使其符合其中的一种或多种模式。

常见的侵略性宣传模式包括[67-69]:

1)诉诸人身:拉丁文写为 Ad hominem。指借由与当前论题无关的个人特质,如人格、动机、态度、地位、阶级或处境等,作为驳斥对方或支持己方论证的理据,是一种不相干的谬误。诉诸人身又称作"对人不对事""因人废言""因人设事""以人废言"。

2)诉诸反复:拉丁文写为 Ad nauseam。指借由宣称某个观点已经被充分讨论多次、至今没有人反驳过的观点、反方的论点之前都已经驳斥过等,而回避对某个断言提出举证。

3)议题设置:英文为 agenda setting。指大众传播媒介通过报导内容的方向及数量,对一个议题进行强调。在媒体上被强调的议题与受众心目中所认知的重要议题有显著的关联,而媒介在这个过程中有重要影响。媒体报导越多,大众会觉得越重要。

4)诉诸权威:英文为 appeal to authority。或称伪托权威、援假权威,是一种特殊类型的归纳论证谬误,通常以统计三段论的形式来表达。虽然有时某些类别的诉诸权威能够成为有力的归纳论证,但是这种论证通常都存在被误用的情况。

5)诉诸恐惧:拉丁文写为 argumentum ad metum。是一种逻辑谬误,是意图以引发恐惧的方式使人产生偏见,进而认为选择某些抵抗恐惧的措施,或接受某些信念是唯一的选择,但事实并不一定如此。恐惧是最常被宣传与广告使用的技巧之一。

6)诉诸偏见:英文为 appeal to prejudice。使用诱导性或感性的词语将价值或道德美德附加到命题上使人们相信。

7)诉诸潮流:拉丁文为 adputum ad populum,又称诉诸多数、诉诸大数、诉诸民主、诉诸信念、共识谬误、乐队花车谬误等。是一种逻辑谬误、一种社会心理的状态,也是一种宣传的技巧,常被称为"从众",代表人类害怕在社会中被孤立,因而向社会其他多数靠拢的一种过程。

8)美好人生:英文为 beautiful people。与名人打交道或描绘有吸引力、快乐的人的宣传类型。这表明,如果人们购买产品或遵循某种意识形态,那么他们也会感到高兴或成功。

9)戈培尔效应:英文为 Goebbels effect,又称大谎言。是指以含蓄、间接的方式向个体发出信息,而个体无意识地接受了这种信息,从而做出一定的心理或行为反应。纳粹德国宣传部部长戈培尔本人解释:"如果你说的谎言范围够大,并且不断重复,那么人民最终会开始相信它,当谎言被确立的期间,国家便可阻隔人民对谎言所带来的政治、经济和军事后果的了解。"

10)假二难推理:英文为 false dilemma,又称非黑即白、伪二分法等。是提出少数选项(一般是两项,但有可能是三项或更多)要人从中择一,但这些选择并未涵盖所有的可能。其属于一种非形式谬误。

11)单方论证:英文为 cherry picking,摘樱桃,又称隐瞒证据。是一种非形式谬误,指只提出支持论点的理由,忽略不谈反对的理由。源于采樱桃或其他水果的一般经验。挑水果的人把好的水果挑出来,看到的人可能会以为所有水果都是好的。

12)经典条件反射:英文为 classical conditioning,又称巴甫洛夫条件反射、反应条件反射、alpha 条件反射,是一种关联性学习。最简单的形式是亚里士多德曾经提出的接近律,也就是当两件事物经常同时出现时,大脑对其中一件事物的记忆会附带另外一件事物。

13)认知失调:英文为 cognitive dissonance。是心理学上的一个名词,描述在同一时间有着两种互相矛盾的想法,因而产生了一种不甚舒适的紧张状态,后续为了改善紧张状态而改变自身行为或想法,使自己相信理念与行为间没有冲突。

14)诉诸平民:英文为 common man。普通人设法试图说服受众宣传者的立场,反映了普通大众的常识。旨在通过以目标受众的通用方式和风格进行交流来赢得受众的信任。宣传者使用普通人的语言和举止(并在面对面的交流和视听交流中穿插信息),试图让自己的观点看起来与普通人的一致。

15)个人崇拜:英文为 cult of personality。指以大规模宣传手段将某个人在一个社群中塑造成崇拜对象,通常都通过媒体手段将其人格形象理想化、英雄化、甚至神化。

16)妖魔化:英文为 demonizing the enemy,又称政敌妖魔化、政敌非人化。是一种将敌手宣传为只有破坏性目标的邪恶侵略者的宣传手段,是一种诉诸仇恨、涉及人身攻击、人格谋杀和抹黑的策略。妖魔化是最古老的宣传技巧,旨在激发对敌人的仇恨,使之更易被打击,起到保护和动员盟友,使敌人沮丧的效果。

17)低落士气:英文为 demoralization。向对手宣扬侵蚀战斗精神,鼓励投降或叛逃。

18)独裁:英文为 dictat。通过将其提出为唯一可行的选择来强制遵守某个想法或原因。该技术希望通过使用图像和文字告诉听众确切的动作来简化决策过程,从而消除其他可能的选择。

19)虚假信息:英文为 disinformation。从公共记录中创建或删除信息,目的是对事件或个人或组织的行为进行虚假记录,包括对照片、电影、广播和录音,以及印刷文档的完全伪造。

20)分而治之:英文为 divide and rule。将一个较大的力量打碎分成小的力量,这样,每个小的力量都不足以对抗大的力量。在现实应用中,分而治之往往是阻止小力量联合起来的策略。

21)以退为进:英文为 door-in-the-face technique。是一种主要出现在社会心理学中的讨价方式。劝说者通过提出一个会被拒绝的离谱要求来让被劝说者同意第二个较为合理的请求,较之单独提出"合理的请求"更容易获得接受。因为这一理论中提出离谱要求就像被人关在门外,而在英语称为"door-in-the-face"。

22)粗直语:英文为 dysphemism。粗直语被用于负面影响听众或读者对某事的态度,或者降低其可能含有的积极联想,与委婉语相对。

23)委婉语:英文为 euphemism。委婉语是通常无害的词或表达,用于代替可能令人反感或暗示令人不快的词或表达。

24)制造幸福感:英文为 euphoria。使用产生欢愉或幸福的事件,或使用吸引人的事件来鼓舞士气。

25)夸大:英文为 exaggeration。指的是将某件事以夸张的方式重新制作或重新展现。夸大是冷处理的反面。

26)虚假指控:英文为 false accusations。虚假指控是对不实事实和/或事实不支持的不当行为的主张或指控。也被称为毫无根据的指控或毫无根据的指控、错误的指控或错误的主张。

27)恐惧、不确定与怀疑:英文为 fear,uncertainty,and doubt,简写为 FUD。是一种用于销售、市场营销、公共关系、政治、民意调查和邪教的宣传策略。通常是一种通过传播负面、可疑或虚假信息,以及对恐惧的吸引力表现来影响感知的策略。

28)谎言灌喷:英文为 firehose of falsehood。通过多种渠道(如新闻和社交媒体)快速、重复和连续地广播大量消息,而不考虑真实性或一致性。

29)摇旗呐喊:英文为 Flag-waving。尝试以采取行动为理由辩护,理由是这样做会使人更加爱国,或者以某种方式使一个集团、一个国家或一个想法受益。这种技术试图激发的爱国主义情绪未必会削弱或完全丧失对有关问题进行理性审查的能力。

30)得寸进尺:英文为 Foot-in-the-door technique。是一种通过先提出一个简单的小请求来说服被劝说者同意一个较大请求的劝说方法。得寸进尺法得益于被社会学家称为"连续渐进"(successive approximations)的一项人类基本特点。该特点的大意是,如果向对方提出小的请求或做出小的行为越多,那么对方越有可能按照计划的方向转变自己的态度、行为,并渐渐感觉自己有必要准许那些要求更多的请求。

31)框架化:英文为 framing。框架化是一种社会现象的社会建构,通常是由大众媒体、政治或社会运动、政治领导人或其他行为者和组织所为。这是对个人对单词或短语的含义的感知产生选择性影响的必然过程。框架效应的意义是,面对同一个问题,在使用不同的描述后,人们会选择乍听之下较有利或顺耳的描述作为方案。当以获利的方式提问时,人们倾向于避免风险;当以损失的方式提问时,人们倾向于冒风险。

32)煤气灯效应:英文为 gaslighting。通过持续的否认、误导、矛盾和说谎,在目标个人或群体中撒下怀疑的种子,希望他们质疑自己的记忆、感知、理智和规范。因为其使用否定、误导、矛盾和错误信息,煤气灯效应使受害者认知失调,以及使受害者不再相信她们/他们原来的信仰。

33)乱枪打鸟:英文为 gish gallop。是一种非形式谬误,提出大量论述(而这些论述往往不合理或有谬误)使反对者无法一一反驳。

34)光辉普照:英文为 glittering generalities。是指在一个想法或原因上运用引人入胜但含糊而又毫无意义的词语,这是一种宣传及广告的技巧,利用正面、高质量的概念或信念,通过各种技巧和手法,把想要传达的概念联系在一起,并且让受众在没有验证或背景资料的情况下就轻易接受或认同所诉求的信息。

35)关联谬误:英文为 association fallacy。关联谬误指的是一种轻率概化方面的非形式归纳谬误。此类谬误借由实质上不相关的关联(且常常诉诸情感)的论述,主张某种事物所持有的性质也存在于另一种事物之上。罪恶关联(guilt by association)和荣誉关联(honor by association)是这种谬误的两种形式。

36)片面事实:英文为 half-truth,又称片面引导。是一种欺骗性的陈述,其中包括一部分真理。陈述有可能部分是正确的,也可能是完全真实的,但只包括全部真相中的一部分,还可能利用一些欺骗性元素,如不当的标点符号、双关语,特别是当其目的是欺骗、逃避、指责或歪曲事实时更是如此。

37)信息超载:英文为 information overloaded。意指接受太多信息,反而影响正常的理解与决策。当有大量的历史性信息需要被挖掘时,又增加了高比例的新信息,因此,很难分辨哪些信息与这个决定有关。此时又缺乏方法去比较或分析不同种类的信息。

38)含糊其辞:英文为 intentional vagueness。概括性刻意含糊,以便观众可以提供自己的解释。目的是通过使用未明确定义的词汇来驱动观众,而无需分析其有效性或尝试确定其合理性或适用性。从而使人们做出自己的解释,而不是简单地提出一个明确的想法。

39)标签效应:英文为 labeling。标签效应是一个自然人、一个组织、一个地区给别人贴上标签之后所产生的效应,包括强化、自我认同、刻板印象。

40)接受范围:英文为 latitudes of acceptance。如果信息超出了个人和群体的接受范围,那么大多数技术都会引起心理上的反感(简单地听取论点会使该信息更难以接受)。有两种提高接受范围的技术:一是可以采取更极端的立场,这将使更温和的立场似乎更容易被接受,类似于以退为进;二是可以将自己的位置调节到接受范围的边缘,然后随着时间的流逝缓慢地移动到先前保持的位置。有研究认为,差异越大,越会有越多的受众调整他们的态度。因此,说服力最大的信息是与受众的位置最不相符的信息,但属于他或她的接受范围或不承诺范围。

41）负载性语言：英文为 loaded language，又称为扣帽子、负载性术语、情感性语言、高推断性语言和语言说服性技术。是通过使用带有强烈含义的单词和短语来影响听众的措辞，以引起情感反应和/或利用刻板印象。加载的单词和短语具有重大的情感含义，并且在其字面意义之外还涉及强烈的正面或负面反应。

42）情感轰炸：英文为 love bombing。用来招募成员加入邪教或意识形态，方法是让一群人将目标的现有社会关系切断，并完全替换为该团伙的成员。这些人故意用感情炮轰这个人，以使该人脱离先前的社会地位、信念和价值体系。

43）谎言与欺骗：英文为 lying and deception。虚假或歪曲的信息，用以证明一项行为或一种信念和/或鼓励人们接受该行为或信念，是很多侵略性宣传技术的基础。美国前国务卿蓬佩奥 2019 年 4 月在德州农工大学演讲时，坦然承认了美国政府机构的欺骗行为，如图 4－1 所示。

图 4－1　美国务卿蓬佩奥坦然承认了 CIA"撒谎、欺骗、偷窃"[70]

44）新闻管理：英文为 managing the news。是指通过选择有利于己方的信息发布时机、有倾向性的描述争议或重复无关紧要的声明来忽略问题，从而影响新闻媒体中信息呈现的行为。

45）社会环境控制：英文为 milieu control。利用同伴或社会压力促使人们坚持某个想法或原因，与洗脑和精神控制有关。

46）冷处理：英文为 minimisation，与夸张相对。在不能完全否认的情况下，拒绝合理化，淡化事件或情感的重要性。

47）人身攻击：英文为 name-calling。指在沟通对话时，攻击、批评与对方个人因素相关的断言或质疑，如人格、动机、态度、地位、阶级或处境等。若进一步以此作为论证基础而作出与前提不相关的结论，则是诉诸人身的谬误。只要没有将品格批判当作驳论的理据，批判他人就没有犯诉诸人身的谬误。

48）形式谬误：拉丁文为 Non sequitur。是推理形式错误的论证。当一个论证的推理形式有误时，即使前提为真，也必然无法因此推理出结论为真。

49）混淆：含糊不清的交流，旨在使听众在试图解释信息时感到困惑，或使用不理解来排斥更广泛的听众。

50）操作制约：英文为 operant conditioning，又称工具性条件反射或工具学习。与经典条件反射不同的是，操作制约的行为是个体"自愿"进行的行为，当行为得到奖励或惩罚时出现刺激，反过来控制这种行为；经典条件反射则是使个体产生非自愿反应的作用。操作制约是付诸反复、口号和其他重复性公共关系运动的基本原理。

51）单音谬误：英文为 fallacy of the single cause。是一种非形式谬误，系认定某事由一个单独原因造成，而未考虑可能是由许多原因共同导致。

52）单一思想：法语为 Pensée unique。通过简单的论证压制替代观点。

53）断章取义：英文为 contextomy，又称语境去除、脱离语境的引用、引言探勘等。是把原论述的语境去除，据此建立推论，然而去除语境后，原论述的意义往往已被扭曲，因而这样的论证无效，是一种非形式谬误。

4.1.2　认知偏差

侵略性宣传模式之所以可以奏效，最为根本的原因在于受众的认知存在可被利用的漏洞，即认知偏差（cognitive bias）。

认知偏差是在判断中偏离规范或理性的系统模式。个人从他们对输入的感知中创造出自己的"主观现实"。个人对现实的建构不是客观的输入，可能决定了他们在世界上的行为。因此，认知偏差有时会导致知觉扭曲、判断不准确、解释不合逻辑或广义上的非理性。

常见的认知偏差包括以下类型：

1）锚定偏差，或焦点主义，是在做决定时倾向于过度依赖"锚定"一个特征或一条信息（通常是在该主题上获得的第一条信息）。

2）可得性偏差，也被称为易得出偏差，指人们往往根据认知上的易得性判断事件的可能性，过于看重自己知道的或容易得到的信息，而忽视对其他信息进行深度挖掘，从而造成判断的偏差。

3）认知失调，是对矛盾信息的感知。当两个行为或想法在心理上不一致时，人们会尽其所能去改变它们，直到它们变得一致。

4）确认偏见，是一种以确认自己先入为主的方式搜索、解释、关注和记忆信息的倾向。

5）以自我为中心的偏差，是过度依赖自己的观点和/或对自己的看法高于现实的倾向。

6）扩展忽略，是一种在确认逻辑相关性时忽略样本量而造成的，认知偏差。

7）框架效应，是倾向于从相同的信息中得出不同的结论。这取决于该信息的呈现方式。

8）逻辑谬误，是使用无效或其他错误的推理或"错误的举动"。

9）前景理论，是行为经济学和行为金融学的理论，描述了个人如何以不对称的方式评估他们的损失和获得的观点。

10）联想谬误，是一种草率概括或红鲱鱼类型的非正式归纳谬误。它通过不相关的联想并经常诉诸情感，断言一件事的品质本质上是另一件事的品质。

11）归因偏差，是一种认知偏差，指的是人们在评估或试图为自己和他人的行为寻找原因时所犯的系统性错误。

12）群体内偏爱，有时被称为群体内-外群体偏见、群体内偏见、群体间偏见或群体内偏好，是一种偏爱群体内成员而不是群体外成员的模式。

另一种被广为接受的对认知偏差的分类基于认知偏差产生的原因。Cognitive Bias Codex[71]将 188 种认知偏差归结于四大类基本原因：信息太多、意义不足、需要快速行动，以及记忆选择。在这四类原因之下，又划分了 20 种具体场景，如"注意到已经在记忆中准备好的东西或经常重复的东西""离奇、有趣、视觉冲击或拟人化的事物比不离奇/不有趣的事物更突出"等,将"注意偏差""虚幻的真实效果"等具体的 188 种偏差一一纳入。解码认识偏差(cognitive bias codex)[71]如图 4 - 2 所示。

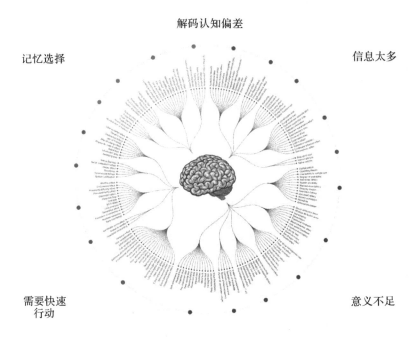

解码认知偏差

记忆选择

信息太多

需要快速
行动

意义不足

图 4 - 2 解码认知偏差(cognitive bias codex)[71]

现有研究结果[72]表明,认知能力的高低可以预测个人对假新闻的迷恋程度。认知偏差可能会减少认知负荷,也可能会干扰认知能力和批判性思维,从而导致更容易接受错误信息。信息内容安全的攻击者,可以利用常见的认知偏差来设计更容易被大众接受的信息,甚至可以针对具体受众目标,通过认知画像发现目标存在的认知偏差,并针对性地选择宣传模式。

4.1.3 宣传模式检测

宣传的目的是影响人们的心态,以推进特定的议程。它可以隐藏在传统和新兴媒体发布的新闻中。在互联网时代,它有可能接触到非常多的受众。当宣传没有被读者注意到时,它是最成功的,人们往往需要一些训练才能发现它。对没有经验的用户来说,这项任务要困难得多,而且每天产生的文本量让专家很难手动处理。随着人们最近对"假新闻"的兴趣提升,对宣传或高度偏见文本的检测已成为一个活跃的研究领域。

1. SemEval - 2020 任务 11

SemEval - 2020 任务 11[73]提供了一个对文本进行细粒度分析发现文本中包含的宣传技巧的新视角。文本(以及其他渠道)中的宣传是通过使用不同的宣传技巧来传达的。这些技巧包括利用观众的情绪,比如使用负载的语言或诉诸恐惧;使用逻辑谬误,比如稻草人(歪曲某人的观点)、隐藏的人性谬误和红鲱鱼(呈现无关数据)。其中一些技术已经在仇恨语音检测和计算辩论等任务中进行了研究。

图 4 - 3 显示了细粒度的宣传标识管道,包括两个目标子任务。SemEval - 2020 任务 11

的目标是促进开发能够在使用宣传技术的地方发现文本片段的模型。该任务包含以下子任务（见图 4 - 3）：

子任务 SI(跨度识别)：给定一个纯文本文档，识别那些至少包含一种宣传技巧的特定片段。这是一个二进制序列标记任务。

子任务 TC(技术分类)：给定标识为宣传的文本片段及其文档上下文，标识片段中应用的宣传技术。这是一个多类分类问题。

在该任务中，有 14 种最为常见的宣传模式需要被检测出来，包括负载性语言、指出敌人、付诸重复、付诸恐惧等。

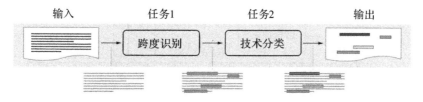

图 4 - 3　SemEval - 2020 任务 11 的子任务

SemEval 2020 任务 11 评估框架包括 PTC-SemEval 20 语料库和跨度识别和技术分类子任务的评估措施。语料库中包括 536 条标注数据。PTC - SemEval 20 语料库，如图 4 - 4 所示。

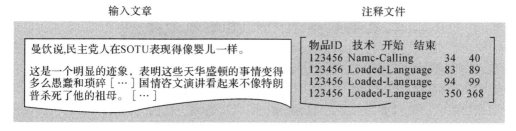

图 4 - 4　PTC - SemEval 20 语料库

2. 宣传跨度识别子任务

目前，大多数解决方案都依赖于某种与 LSTM 或 CRF 结合使用的 Transformer。在大多数情况下，Transformer 生成的表示由工程特性补充，如命名实体、情感和主观性线索的存在。

例如，在该评估任务中，目前性能最佳的日立团队[74]使用 BIO 编码，这是相关分割和标记任务（例如命名实体识别）的典型方式。他们依赖于一个复杂、异构、端到端训练的多层神经网络。该网络使用预先训练的语言模型，为每个输入标记生成表示。此外，还添加了词性（PoS）和命名实体（NE）嵌入。因此，每个令牌有三种表示形式，它们被连接起来并用作 Bi-LSTM 的输入。此时，网络分支因为它而被训练成三个目标：(i)主要的生物标记预测目标和两个辅助目标，即(ii)标记级技术分类和(iii)句子级分类。目标(i)和(ii)有一个 Bi-LSTM，目标(iii)有另一个 BiLSTM。对于前者，他们使用额外的 CRF 层，这有助于提高输出的一致性。许多体系结构都是独立训练的——使用 BERT、GPT - 2、XLNet、XLM、RoBERTa 或 XLM-RoBER-Ta，并将生成的模型组合成一个整体。

3. 宣传技术分类子任务

现有的较好解决方案也大都采用了 Transformer。例如，日立团队使用了两种不同的

FFN。第一个是表征句子,第二个是在宣传跨度中表征代词。广度表示是通过连接句子开头标记、广度开始标记、广度结束标记的表示,以及通过注意和最大池的聚合表示来获得的。至于成功的 SI 方法,日立使用不同的语言模型对 TC 子任务进行了独立培训,然后将生成的模型组合成一个整体。日立团队的宣传跨度识别任务解决方案如图 4-5 所示。日立团队的宣传技术识别任务解决方案如图 4-6 所示。

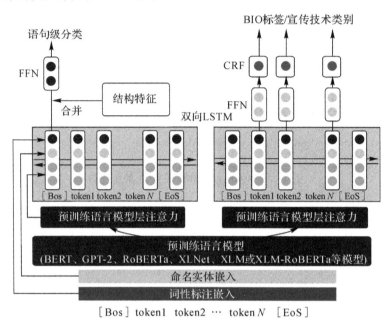

图 4-5 日立团队的宣传跨度识别任务解决方案

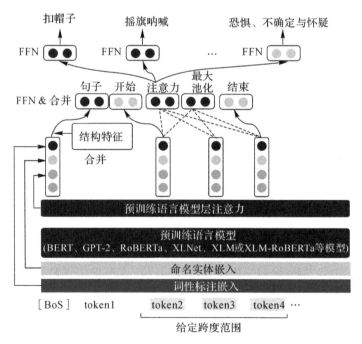

图 4-6 日立团队的宣传技术识别任务解决方案

4.2　内容深度生成技术

4.2.1　深度生成模型

深度生成模型的目标函数是数据分布与模型分布之间的距离,可以用极大似然法函数的方进行求解。从处理极大似然函数的方法的角度,可将深度生成模型分成三种。深度生成模型分类体系如图 4-7 所示。

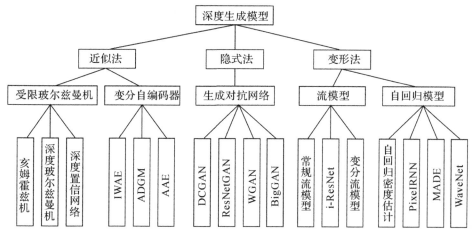

图 4-7　深度生成模型分类体系

第一种方法是通过变分或抽样的方法求似然函数的近似分布,这种方法可称为近似方法,主要包括受限玻尔兹曼机和变分自编码器。用抽样方法近似求解似然函数的受限玻尔兹曼机属于浅层模型,以该模型为基础模块的深度生成模型包括深度玻尔兹曼机和深度置信网络两种;变分自编码器用似然函数的变分下界作为目标函数,这种使用变分下界替代似然函数的近似方法的效率比受限玻尔兹曼机的抽样方法高很多,实际效果也更好,变分自编码器具有代表性的模型包括重要性加权自编码、辅助深度生成模型等。

第二种方法是避开求极大似然过程的隐式方法,其代表模型是生成对抗网络。生成对抗网络利用神经网络的学习能力来拟合两个分布之间的距离,巧妙地避开了求解似然函数的难题,是目前最成功、最有影响力的生成模型。其具有代表性的模型很多,如深度卷积生成对抗网络、WGAN 和当前生成能力最好的 BigGAN。另外,利用参数化马尔可夫过程代替直接参数化似然函数的生成随机网络也属于此种方法。

第三种方法是对似然函数进行适当变形,变形的目的是为了简化计算,此种方法包括流模型和自回归模型两种模型。流模型利用可逆网络构造似然函数之后直接优化模型参数,训练出的编码器利用可逆结构的特点直接得到生成模型。流模型包括常规流模型、变分流模型和可逆残差网络三种;自回归模型将目标函数分解为条件概率的积的形式,这类模型有很多,具有代表性的包括像素循环神经网络、掩码自编码器,以及成功生成逼真的人类语音样本的

WaveNet 等。

4.2.2　自然语言深度生成技术

1. 自然语言生成方法

主流的自然语言生成方法包括模板生成方法、模式生成方法、修辞结构理论方法、属性生成方法四种[76]。

（1）模板生成方法

模板生成方法是最早应用于自然语言生成领域的一种方法。该方法通过将词汇和短语在模板库中进行匹配，匹配后将词汇和短语填入固定模板，从而生成自然语言文本。其本质是系统根据可能出现的几种语言情况，事先设计并构造相应的模板，每个模板都包括一些不变的常量和可变的变量，用户输入信息之后，文本生成器将输入的信息作为字符串嵌入到模板中替代变量。

模板生成方法的优点是思路较简单、用途较广泛，但因方法存在的缺陷，生成的自然语言文本质量不高，且不易维护。该方法多应用于较简单的自然语言生成环境中。

（2）模式生成方法

模式生成是一种基于修辞谓语来描述文本结果的方法。这种方法用语言学中修辞谓词来描述文本结构的规律，构建文本的骨架，从而明确句子中各个主体的表达顺序。

模式生成方法的最大优点是通过填入不同的语句和词汇、短语即能生成自然语言文本，较易维护，生成的文本质量较高。其不足是只能用于固定结构类型的自然语言文本，难以满足多变的需求。

（3）修辞结构理论方法

修辞结构理论（Rhetorical Structure Theory，RST）方法来源于修辞结构理论的引申，是关于自然语言文本组织的描述性理论。修辞结构理论包含 Nucleus Satellite 模式和 Multi-Nucleus 模式两种：Nucleus Satellite 模式将自然语言文本分为核心部分和附属部分，核心部分是自然语言文本表达的基本命题，附属部分表达附属命题，多用于描述目的、因果、转折和背景等关系；Multi-Nucleus 模式涉及一个或多个语段，没有附属部分，多用于描述顺序、并列等关系。

修辞结构理论方法的优点是表达的灵活性很强，但实现起来较为困难，且存在不易建立文本结构关系的缺陷。

（4）属性生成方法

属性生成是一项较复杂的自然语言生成方法，通过属性特征来反映自然语言的细微变化。例如，生成的句子是主动语气还是被动语气，语气是疑问、命令还是声明，都需要属性特征来表示。此方法要求输出的每一个单元都要与唯一具体的属性特征集相连。这项技术通过属性特征值与自然语言中的变化对应，直到所有信息都能被属性特征值表示为止。

该方法的优点是通过增加新的属性特征值完成自然语言文本内容的扩展，但需要细粒度的语言导致维护较为困难。

2. 自然语言生成模型

下面简要介绍几种常见的自然语言生成模型。

（1）马尔可夫链

在语言生成中，马尔可夫链可以通过当前单词预测句子中的下一个单词，是经常用于语言生成的算法。由于仅注意当前单词，因此，马尔可夫链无法探测当前单词与句子中其他单词的关系以及句子的结构，使得预测结果不够准确，在许多应用场景中受限。

（2）循环神经网络

循环神经网络（Recurrent Neural Network，RNN）通过前馈网络传递序列的每个项目信息，并将模型的输出作为序列中下一项的输入，每个项目存储前面步骤中的信息。循环神经网络能够捕捉输入数据的序列特征，但存在两大缺点：第一，短期期记忆无法生成连贯的长句子；第二，不能并行计算，无法适应主流趋势。

（3）长短期记忆网络

长短期记忆（Long Short-Term Memory，LSTM）网络及其变体能够解决梯度消失问题并生成连贯的句子，旨在更准确地处理输入的长序列中的依赖性，但也有其局限性：处理难以并行化，限制了生成系统利用 GPU 的能力。

（4）序列到序列模型

序列到序列（Seq2Seq）模型一般通过 Encoder-Decoder 框架实现，目的是解决大部分序列不等长的问题。该模型更善于利用更长范围的序列的全局信息，并且综合序列上下文，推断出与序列对应的另一种表述序列。

（5）注意力模型

注意力（attention）模型是对人类-大脑中的注意力进行模拟，旨在从众多信息中选择出对当前任务更关键的信息。在 Encoder－Decoder 框架中，Encoder 中的每个单词对输出文本中的每一个单词的影响是相同的，导致语义向量无法完全表示整个序列的信息，随着输入的序列长度的增加，解码后的生成文本的质量准确度下降。注意力模型在处理输入信息时，对不同的块或区域采用不同的权值，权重越大，越聚焦于其对应的内容信息。引入该模型后，能够使得关键信息对模型的处理结果影响较大，从而提高输出的质量。

（6）Transformer 模型

Transformer 模型在 2017 年由 Google 团队首次提出。Transformer 是一种基于注意力机制来加速深度学习算法的模型，由一组编码器和一组解码器组成，编码器负责处理任意长度的输入，并生成其表达，解码器负责把新表达转换为目的词。Transformer 模型利用注意力机制获取所有其他单词之间的关系，生成每个单词的新表示。

Transformer 模型的优点是注意力机制能够在不考虑单词位置的情况下，直接捕捉句子中所有单词之间的关系。该模型抛弃之前传统的 Encoder-Decoder 模型，必须结合循环神经网络或卷积神经网络（CNN）的固有模式，使用全注意力模型的结构代替了长短期记忆网络，在减少计算量和提高并行效率的同时不损害最终的实验结果。但是此模型也存在缺陷：首先，计算量太大；其次，存在位置信息利用不明显的问题，无法捕获长距离的信息。

4.2.3　多媒体深度伪造技术

一般而言，深度伪造图像主要是指脸部篡改，而脸部篡改伪造主要分为两大类[77]：一类是换脸伪造，通过交换两张图像的人脸达到修改人的身份的目的，其技术从传统的 3D 重建方法发展到现在以生成对抗网络为基础的深度伪造；另一类是脸部表情属性伪造，迁移指定表情等动作到目标图像而不修改目标人脸标志，达到伪造表情或特定动作的目的，其技术也从基于3D的图形学方法演变到最新的深度学习方法。此外，深度伪造图像通常还包含了语音的伪造，使得欺骗效果更佳。图 4-8 即为使用 styleGAN2 模型生成的人脸图像。

图 4-8　thispersondoesnotexist. com 中的高精度伪造人物头像生成[78]

　　一个成功利用伪造人物头像的案例是美联社报道的 Katie Jones 案[79]。从 LinkedIn 上的显示的资料看，凯蒂·琼斯(Katie Jones)似乎已加入华盛顿的政治舞台。社交网络上的各种信息显示，这名 30 多岁的红发女郎在一个顶级智囊团里工作，并拥有一个从中间派布鲁金斯学会(Brookings Institution)到右翼传统基金会(Heritage Foundation)的专家网络(见图 4-9)。她与一位副国务卿助理、参议员的高级助手及经济学家保罗·温弗里(Paul Winfree)都有联系，其中后者正在考虑担任美联储的席位。

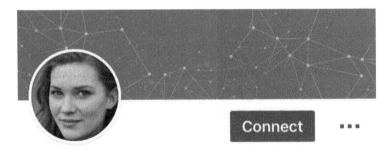

图 4-9　Katie Jones 的 LinkedIn 档案[79]

　　然而最终证实，该账户是一个虚假账户。美国国内政策委员会前副主任 Winfree 因此而自称"可能是 LinkedIn 历史上最差的 LinkedIn 用户",因为他于 2019 年 3 月 28 日与琼斯在社交网络上建立了联系。多媒体深度伪造技术有以下几种:[71]

1. 换脸伪造技术

在过去 10 多年里,基于图形学的人脸篡改技术一直为研究者所关注。例如 FaceSwap 是基于图形学的换脸方法,先获取人脸关键点,然后通过 3D 模型对获取到的人脸关键点位置进行渲染,不断缩小目标形状和关键点定位间的差异,最后将渲染模型的图像进行混合,并利用色彩校正技术获取最终的图像。在视频中实现自动换脸,可以通过用 3D 多线性模型追踪视频中的人脸,并用相应的 3D 形状将源人脸仿射到目标人脸。

尽管对基于图形学的脸部篡改方法研究了多年,但是时间开销大、门槛高、成本大,使得这项技术很难普及。随着深度学习技术的飞速发展,研究者们开始关注深度学习在人脸篡改上的应用。Deepfakes 是网络上较早开源的基于深度学习的换脸项目,通过训练两个编码器共享权重参数,使得两个解码器学会重建人脸的能力。训练结束后,在换脸阶段,交换两个解码器,从而使得换脸效果达成。这只需要具备原人物和目标人物的人脸图片即可训练,大大降低了使用门槛。但是该方法也需要一定的训练技巧,否则生成器的生成质量无法保障。鉴于此,研究者们开始关注 GAN 技术的融合。Faceswap - GAN 就是增加了 GAN 技术的 Deepfakes,引入判别器的对抗损失函数,在生成的时候判别生成图像和原图的相似度,使得生成的图像质量有大幅度提高,另外引入了感知损失函数增加眼珠的转动效果。GAN 技术的加入使得换脸更加逼真自然,也一定程度地增加了深度伪造技术的流行度。

2. 表情伪造技术

表情伪造是指不改变人脸的属性,迁移其他人脸图像的表情到目标人脸,从而达到目标人物做指定表情的目的。Thies 等人基于一个消费级的 RGB - D 相机,重建、追踪源和目标演员的 3D 模型并最后融合,从而进行实时的表情迁移。另外,Thies 等人提出了 Face2Face,通过利用 3D 重建技术和图像渲染技术,能够在商业视频流中进行人脸移动表情的修改。Head on 方法通过修改视角和姿态独立的纹理实现视频级的渲染方法,从而实现完整的人模型重建方法,包括表情眼睛、头部移动等。Kim 等人利用含有时空架构的生成网络将合成的渲染图转换成真实图,并能迁移头部表情等动作。尽管现有的图形学方法可以较好地合成或重建图像,但是严重依赖于高质量的 3D 内容。Thies 等人提出了延迟神经渲染的框架,与渲染网络一起优化神经纹理而生成合成的图像,此方法可以在不完美的 3D 内容上操作。Suwajanakorn 等人利用循环神经网络建立语音到嘴型动作的映射,可以匹配输入的语音合成嘴型指定纹理动作。此外,还有针对人物特写镜头中的图像合成、基于 2D 仿射的源演员表情匹配、基于网络编码空间的属性修改的表情迁移等相继被研究者提出,不同场景的表情伪造技术日益成熟。

3. 语音伪造技术

语音伪造也叫做语音版 Deepfakes,利用人工智能技术合成虚假语音。通常有文本到语音合成(text-to-speech synthesis, TTS)和语音转换(voice conversion)两种形式。文本到语音合成主要完成指定文本的语音信息输出,而语音转换是指转换人的音色到目标音色。这些语音的合成不仅可以欺骗人的听觉,还可以欺骗一些自动语音认证系统。早期的语音合成主要依赖隐马尔可夫链和高斯混合模型,而随着深度学习技术的发展。语音合成和转化技术的质量有了大幅度提高。来自谷歌的 WaveNet 是第一个端到端的语音合成器,能够产生与人相似的音频。相似的文本到语音合成系统有 Deep voice 和 Tacotron,均在原始语音材料上训练,速度比 WaveNet 更快。随后,百度对 Deep voice 进行了扩展,提出了 Deep voice2,通过使用低维度可训练的说话者编码来增强文本到语音的转换,使得单个模型能生成不同的声音。Ping 等人提出的 Deep voice3 进一步改进了之前的 Deep voice 系列,Deep voice3 是一个基于注意力机制的全卷积 TTS 系统,通过设计字符到频谱图的结构,能够实现完全并行的计算,在不降低合成性能的情况下,速度更快。语音合成技术愈发成熟,且与视频中的换脸伪造往往同时出现,使得鉴别的难度更大。

4.2.4　深度伪造检测技术

有许多经验性的方法去识别人物头像是否为伪造。例如,在 Katie Jones 案中,美联社的专家提出了许多判断要素,具体包括模糊的背景、贴近头像的裁剪、带有光晕的绘画质感的头发、倾斜的异色眼瞳、比例失调的耳廓、模糊的耳饰和有污迹的脸颊等。这些要素的出现,都暗示头像很可能是通过计算机程序生成的(见图 4－10 所示)。

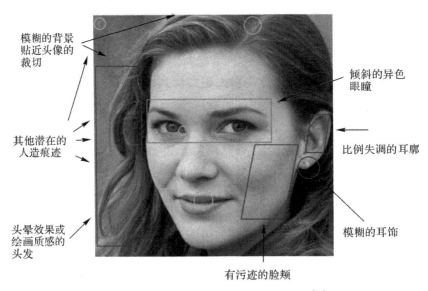

图 4－10　专家识别伪造相片的一些依据[79]

但是,人工判定深度伪造费时费力,准确性难以保证。因此,目前已有很多研究围绕深度伪造图像视频等的检测展开。

1.深度伪造图像检测

目前,深度伪造图像的检测方法基于其判别原理可分为四种[80]:第一种是借鉴传统图像取证方法,在像素级别构建模型检测深度伪造图像;第二种是通过修改 CNN 架构和损失函数等方式深度伪造图像检测方法;第三种是通过分析和提取真伪图像自身的差异化特征,进而训练分类器实现深度伪造图像的检测;第四种是通过真伪图像频谱中的差异化分析,找出特定 GAN 的指纹特征,最终实现对伪造图像的识别。

(1)基于传统图像取证的检测技术

可以通过提取像素域中 RGB 通道上的共现矩阵(co-occurrence matrices),基于 CNN 构建像素级的图像检测模型来实现对 GAN 生成伪造图像的检测。还有研究者提出了一种在商业软件 Adobe Photoshop 上编写脚本来检测合成图像内容的方法。然而,这类借鉴传统图像取证技术的深度伪造图像检测模型可通过在伪造图像中加噪声的方式绕过。

(2)基于 CNN 架构定制化修改的检测技术

可以通过修改 CNN 架构(如输入图像的高通滤波器、层组数和激活函数),以监督学习的方式实现对深度伪造图像的检测。但是这种通过定制化修改 CNN 架构和损失函数等方式构建的深度伪造图像检测模型容易受到对抗样本的攻击。

(3)基于真伪图像特征差异比对的检测方法

有研究者使用稳定特征加速算法(Sped up Robust Features,SURF)和词袋模型(Bag of Words,BoW)来提取图像特征,并将其分别在支持向量机、随机森林和多层感知器等分类器上进行了测试,准确率均可达到 92% 以上。但该模型所使用的数据集相对较小,仅包含 10 000 张图像(伪造图像占 50%),且其数据集中的伪造图像质量也未与其他深度伪造数据集进行比较。另有研究者通过图像的 EXIF 元数据特征实现了对深度伪造图像的检测,但 EXIF 元数据可以被修改和删除。此外,还有一种思路是通过提取真实图像和伪造图像面部标志点位置之间的差异特征来进行分类器训练,进而实现对深度伪造图像的识别。但是随着 GAN 技术的改进和深度伪造内容生成模型性能的逐步提升,真伪图像之间的差异性将会逐渐缩小,甚至可能消失。

一种更为完善的思路是通用伪特征网络模型(Common Fake Feature Network,CFFN)。该模型可分为两个阶段:第一阶段基于多种 GAN 生成大量的〈真实图像、伪造图像〉对,通过已收集的〈真实图像、伪造图像〉对来学习真、伪图像的鉴别特征。第二阶段是一个具有跨级别伪特征提供能力的 CNN,通过将该 CNN 连接到 CFFN 的最后一个卷积层,进而基于第一阶段提取的鉴别特征完成对深度伪造图像的识别。

(4)基于 GAN 指纹特征的检测方法

有研究者通过探索 GAN 指纹特征提出了一种基于频谱输入的分类器模型 AutoGAN,该模型能够实现对基于 CycleGAN 等流行 GAN 模型所生成的伪造图像的准确检测。还有研究者提出了一种基于神经元覆盖的深度伪造图像检测方法,其性能优于基于传统图像取证和 CNN 架构定制化修改的深度伪造图像检测模型。然而,深度伪造图像生成模型可通过选用无指纹特征的 GAN 来绕过这类检测模型,且 GAN 技术进展迅速,因此,上述检测方法所提取的 GAN 指纹特征并不具有持久性和通用性。

2. 深度伪造视频检测

由于视频在被压缩后,帧数据会产生严重的退化现象,且视频帧组之间的时序特征存在一定的变化,因此 ,多数基于静态特征的深度伪造图像检测方法无法直接用于深度伪造视频的检测。当前,深度伪造视频检测方法可分为三大类:第一类是基于跨视频帧组时序特征的检测方法;第二类是基于视频帧内视觉伪像的检测方法;第三类是基于新兴技术的检测方法[80]。

(1)基于跨视频帧组时序特征的检测方法

由于深度伪造内容检测模型经常使用在线收集的(静态)面部图像集进行训练,无法实现对眨眼、呼吸和心跳等生理信息的准确伪造,因此,可以基于生理信息的合理性来构建深度伪造视频检测方法。有研究者提出一种基于眨眼来鉴别深度伪造视频的方法:先在视频帧层面提取出面部区域和眼睛区域,然后经过人脸对齐、提取和缩放眼睛区域标点的边界框等操作创建新的帧序列,进而将其分配至长期循环卷积网络(Long-term recurrent convolutional networks,LRCN)中实现对睁眼和闭眼状态的动态预测。该方法在 EBV 等数据集上具有良好的性能。但是该方法仅仅将是否眨眼作为伪造视频评判指标,并未进一步考虑眨眼频率的合理性,容易通过后期处理或训练具备眨眼能力的更高级模型等方式绕过。

由于深度伪造内容生成模型对目标视频的重构多在逐帧操作的基础上实现,且在合成阶段不能有效地增强视频帧组之间的时间连贯性,有研究者证明深度伪造视频内帧和帧之间时序具有不一致的特性,进而基于 CNN 和 LSTM 提出了一种时间感知管道方法来检测深度伪造视频。其中 CNN 用于提取视频帧级特征,接着将其馈入 LSTM 中以创建时间序列描述符。然而,该方法鲁棒性不足,易受到对抗样本的攻击。另有研究者基于递归卷积网络(Recursive cortical network,RCN)提出了一种基于视频流时空特征的检测方法。由于 RCN 集成了 DenseNet 和门控循环单元,因而该模型能够利用帧组之间的时序差异实现对深度伪造视频的检测。该方法在数据集 FaceForensics＋＋上具有较高的准确率。

(2)基于视频帧内视觉伪像的检测方法

基于视频帧内视觉伪像的检测技术主要通过探索视频帧内视觉伪像提取判别特征,并将这些特征分配至深层或浅层分类器中进行训练,其中深层分类器基于神经网络模型实现,浅层分类器则采用简单的机器学习模型实现,最终完成对深度伪造视频的准确检测。

在可利用的特征方面,有研究者证明,眼睛和嘴巴部位的特征在深度伪造视频检测中具有至关重要的作用。深度伪造视频通常需要基于人脸仿射变形技术(如缩放、旋转和剪切)将目标人物的面部准确匹配到原始视频,因而可能致使合成视频的面部区域与周围环境之间的分辨率存在不一致的情况,因而可以基于 CNN 模型构建深度伪造视频检测方法。基于深度伪造视频部分区域像素关系存在突变性,还有研究者提出了基于光响应非均匀性(Photo Response Non-Uniformity,PRNU)的检测方法。此外,利用眼睛和牙齿区域中缺失的反射和细节、面部区域的纹理特征和面部标志等生成特征向量,也是一种侦测伪造视频的特征提取方法。

3. 伪造深度音频检测

随着深度音频伪造的流行和技术能力不断的提升,针对恶意使用(如语音诈骗)的深度音频伪造的检测变得越来越重要。现有的深度音频伪造检测技术主要通过语速、声纹和频谱分布等生物信息的差异化特征实现。

Wu 等人提出了一种使用最大特征图(Max-Feature-Map,MFM)激活函数的轻量级神经网络 Light CNN。由于该框架具有提炼度高、空间占用小等特点,因此,被 ASVspoof 2019 挑战中的模型广泛使用。Gomez－Alanis 等人通过融合 Light CNN 和基于门递归单元(Gated Recurrent Units,GRU)的 RNN,提出了一种光卷积门控递归神经网络 (Light Convolutional Gated Recurrent Neural network,LC-GRNN),并将其作为深度特征提取器辅助完成分类器的训练。其中 LC-GRNN 既具有 Light CNN 在帧级别提取判别特征的能力,又包含(基于 GRU 的)RNN 学习深层特征的能力。针对基于单一特征的虚假语音检测算法存在泛化性较差的问题,Li 等人提出了一种基于多特征融合和多任务学习(Multiple Features integration and Multi-Task learning,MFMT)的虚假语音检测框架。MFMT 所选取的特征主要有梅尔频率倒谱系数(Mel Frequency Cepstrum Coefficient,MFCC)、常量 Q 倒谱系数(Constant Q Cepstral Coefficient,CQCC)和 FBank 等,进一步基于蝶形单元 (Butterfly Unit,BU)完成多任务学习。上述方法在 ASVspoof 2019 所提供的数据集中均具有较高的检测准确率。

第5章 投送阶段的技术对抗

基于舆论操纵周期模型[4]，在投送阶段，信息内容攻击者的主要任务包括：①使用特定服务（传统媒体、社交媒体等）传播武器化阶段中制作的内容；②有效利用各种地下服务加速传播。

为了完成上述任务，攻击者需要借助已掌握的网络账号，伪装成为普通用户将内容发布到互联网上。在商业、政治、军事等特定应用场景下，攻击者使用的账号数量一般较多，远远超出了人工所能处理的范围，因此，绝大部分账号将通过社交网络机器人自动运行。同时，大量社交网络机器人的运行，需要专用的软硬件系统来支持，这就是群控。

本章将简要介绍社交网络机器人与群控技术的基本知识，并介绍防御者如何利用机器学习检测机器人，以及通过浏览器指纹识别机器人运行的迹象。

5.1 社交网络机器人技术

5.1.1 社交网络机器人

社交网络机器人是使用自动化程序而非真实人类用户操控的社交网络账号。并非所有的社交网络机器人都是恶意的。例如，一些社交网络机器人自动汇总分类新闻便于订阅者浏览，还有一些机器人自动回答订阅者的问题。这类机器人账户一般都会显著标识自身主要由程序托管。

但是，有相当数量的社交网络机器人冒充正常人类用户达到不良目的，影响政治经济、引导对立等[81]。这些账号在常见的社交网络平台散布低俗、赌博等广告信息，诱导网络用户点击广告或者钓鱼网站链接，以此牟利。许多机器人账号还会用来影响政治活动。例如，在美国的选举活动、俄乌冲突之中，有许多机器人账号在网络中发布大量的政治观点和看法，借此来影响舆论，并且影响正常用户，即选民的看法。此外，还有许多机器账号被用来进行市场营销，发布相关产品的广告或软文，增加其曝光度，从而制造流行趋势。

1. 社交网络机器人的行为分类

社交网络机器人的行为主要可分为三类[82]：

（1）社交机器人模仿人类行为

社交机器人试图模拟真实用户的所有在线活动，让自己看起来像人类。一些社交机器人通过收集新的追随者和扩大社交圈子来获得更大的影响。比如,在社交网络上搜索受欢迎和有影响力的人,跟踪他们或向他们发送询问来吸引其注意力。它们还可以参与更复杂类型的交互,如进行有趣的对话、评论帖子,甚至回答问题。社交机器人可以通过识别相关关键词,并在网上搜索适合该对话的信息来发布有趣的内容,从而渗透到流行话语的讨论中。

社交机器人的模仿行动无疑是成功的。大量证据表明社交网络极易受到社交机器人的大规模渗透。正是通过将自己表现得宛若真人,社交机器人才得以与人类用户建立实质性的关系,在进行信息扩散传播的基础上塑造在线用户群体之间的社交互动行为和关系模式。

(2)社交机器人促进信息扩散

既有研究表明,社交机器人在信息扩散中扮演着关键角色。社交机器人主要采用传播初期积极放大内容和通过回复、提及锁定有影响力的用户,以使人类受影响的操纵策略,来实现低可信度消息滚雪球式的扩散。类似的策略亦被用于扩散其他类型的内容。比如,采用诱饵和共享信息等策略扩大关于大规模枪击事件的对话;在暴乱事件中引发大范围的单向信息传播。

通过主动生成具有政治倾向的消息和大量传播相关信息,社交机器人在社交网络中巧妙地影响着用户。研究表明,人类通过转发他人和社交机器人生产的内容而产生的信息量并没有显著差异。如果用户无法验证信息和信息来源的正确性和准确性,就可能产生一些负面后果。比如,增加用户对负面和煽动性信息的接触,加剧在线社会冲突。当然,在与突发公共卫生事件相关的讨论中,社交机器人扩散信息亦可发挥正面效应。例如,在新冠肺炎疫情期间,大多数社交机器人都传播了关于新冠肺炎的突发新闻和风险意识。由此可见,在健康危机期间,如果由卫生机构监控、更新可靠的信息,那么社交机器人在扩散有价值的信息方面的效率无疑是很高的。

(3)社交机器人与人类用户发生交互

一场网络生态项目组织的竞赛结果表明,社交机器人能够通过影响和发起一些与以前没有相互关注的账户的对话来构建推特上的社交关系图。近些年,社交机器人在社交网络中的数量和地位逐渐提升,研究发现,虽然社交机器人只占在线社交网络用户总数的 0.28%,但其在对话中占据了显著的中心地位。

社交机器人还会通过学习社交关系图的形状,观察人们在谈论什么,并进行分析,以决定与谁互动和说什么。社交机器人可以与人进行直接的信息交流,亦可以通过与有影响力的人进行策略型互动来提升自身影响力。

通过与人类发生互动行为,社交机器人成功渗入社交网络,在脸书上的渗透成功率已高达80%。成功渗透的背后无疑是私人信息被暴露的隐忧,这一点已经得到证明,渗透到脸书上的社交机器人成功收集了有价值的私人数据。此外,社交机器人网络的大规模渗透是否会侵蚀人类用户之间的信任,亦成为另一大担忧。

2. 社交网络机器人技术的演进

社交网络机器人技术的发展已经经过了多代演进[83]。第一代机器人(约 2011 年之前)非常简单(A 组),几乎没有个人信息和社会联系。因此,它们很容易与人工操作的合法账户区分开来。第二代机器人(约 2016 年之前)包括更复杂的账户(B 组),以详细的个人信息为特征。为了提高可信度,这些机器人经常互相跟随,从而创建出可清晰识别的僵尸网络。如今,第三代社交机器人(C组)经过精心设计,与其他机器人相比,更类似于人类用户(D组)。他们有很多人类用户的好友和追随者,使用冒名顶替或深度生成的个人资料图片,散布制作精良的恶意消息与许多个性化的中立消息。社交网络机器人技术的演进示意图如图5-1所示。

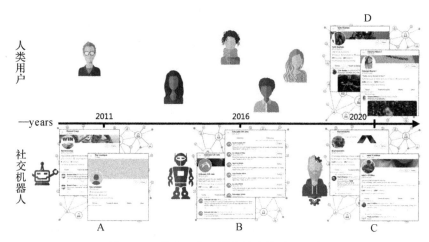

图 5-1　社交网络机器人技术的演进示意图

3. 社交网络机器人滥用的风险

社交网络机器人的滥用会引发一系列的风险。主要集中在以下三个方面[82]:

(1)社交机器人传播虚假新闻

大量研究证据表明,社交机器人确实在虚假新闻的传播中扮演了一大角色。社交机器人在美国总统选举期间加强了虚假信息和未经核实信息的传播,扭曲了政治话语;在海湾危机期间被用于宣传篡改新闻,操纵推特趋势。在与新冠肺炎疫情相关的话题中,社交机器人也被指控宣扬错误信息。可见社交机器人传播虚假新闻的现象已不再局限于政治领域。

研究发现,社交机器人主要通过在最早阶段放大虚假新闻、用回复和提及瞄准有影响力的人,甚至伪装自己的地理位置来实现虚假新闻的病毒式传播。进一步,机器人在虚假信息共享网络的核心最为活跃,并通过案例研究发现社交机器人采用了制作大量原创推文、替换和劫持标签以及将内容注入对话三种策略。简言之,社交机器人扩大虚假新闻传播遵循着两大规则,一是尽可能多地强化某一内容;二是影响尽可能多的用户。

社交机器人虽能同等程度地促进真、假新闻的传播,但由于人类的行为比社交机器人对虚假和真实新闻的差异传播所起的作用更大,因此,虚假新闻往往比真相传播得更远、更快、更深、更广。研究表明,社交机器人可以将虚假新闻的传播放大几个数量级。

(2)社交机器人操纵在线网络讨论

人们可以在社交网络上以一种自我组织的方式进行公开讨论,而许多在线讨论正是由社交网络中同伴施加的社会影响形成的。目前的研究表明,大量社交机器人正试图通过操纵在线讨论影响公众舆论。

社交机器人可以通过标签推广或"喜欢"引导话题,从而有效地引起对个人或想法的广泛支持(或反对)的印象。社交机器人还可以通过人为增加个人或组织的社交媒体"追随者"数量来暗示受欢迎程度,而受欢迎程度往往与用户在线政治表达之间密切相关。一项研究对此提供了有效证据,在数千个自动转发委内瑞拉总统的推特账户被关闭后,用户表达对总统批评和对反对派的支持的意愿增加。简言之,社交机器人可以通过自动生成具有某种观点的信息直接造成许多人持有这种观点的印象,也可以通过人为提升受欢迎度来间接影响用户的在线观点表达。

社交机器人可以被具有意识形态立场的行为者利用以扩大他们的信息,而这些意识形态立场往往只反映了一小部分公众。研究结果发现,在两极分化的网络中,一些机器人能够将一部分人(这些人对某一问题的观点并不确定)的观点转移到一个阈值以上,从而改变人们的既有观点、影响网络舆论。另有研究表明,数量相对较少的机器人足以将舆论氛围转向机器人支持的观点,从而引发一个沉默的螺旋式过程,最终导致机器人的意见被接受为可感知的多数意见。实验表明,社交机器人的存在确实会抑制意见的自由讨论和交流,且其影响取决于在网络中的位置和网络的密度,当连接到受欢迎的用户或处于密集的网络中时,社交机器人的影响通常更强大。在微观层面上揭示了机器人操纵公众舆论的机制,社交机器人只需在给定的讨论中占参与者的 5%～10%,就可以改变公众舆论,从而使其传播的观点最终成为主导意见。

(3)社交机器人影响公众认知

关于社交机器人如何影响公众认知,既有的少量研究主要关注社交机器人发布的言论对公众观点确定性的影响。实验表明,与使用草根网站的人相比,使用“人造草坪”网站(社交机器人网站)的人对全球变暖的存在和人类在这一现象中的作用变得更加不确定。另有实验证明,即使受试者在接触社交机器人发布的言论前进行了“免疫”教育(即提前向受众进行舆论操纵与辩论策略方面的教育),这些评论仍然可以改变公众的观点,并增加其观点的不确定性。此外,少量关于疫苗接种的经验研究证实了社交机器人给公众认知带来了负面影响,不利于疫苗推广。有研究发现,推特社交机器人通过高速发布关于疫苗接种的内容,且对赞成和反对的论点给予同等关注的策略,使得有争议的辩论正常化,从而可能导致公众质疑关于疫苗效力的长期科学共识,高度聚集的反疫苗推特用户使卫生组织难以渗透和抵制固执己见的信息,而社交机器人可能正在加深这一趋势。

5.1.2　社交网络机器人与人类用户的差异

为抵御社交网络机器人所带来的负面影响,社交网络运营商与相关组织都投入了大量精力用于检测机器人账号的存在。

现有研究表明,社交机器人不管是在账户标准特征方面,还是在发布内容和情感表达方面,都与人类用户存在差异。

(1)账户标准特征

研究指出,有效的分析应该能够区分人类参与行为和社交机器人行为。大量研究从追随者数量、转发数量、提及次数和链接数量等标准特征出发,揭示了社交机器人和人类账户之间的根本差异。

首先,多数社交机器人账户的追随者少于人类账户。社交机器人的追随者比朋友少,而人类则拥有平衡的追随者和朋友比例。人类用户之间往往倾向于保持互惠的关系,而机器人则试图通过增加朋友来获得关注并希望被跟踪,从而扩大自身的影响力。然而需要注意的是,推特平台规定了追随者与朋友的比例限制,故而社交机器人已开始试图保持朋友和追随者之间的平衡关系以避免被删除。随着社交机器人的进一步完善,这一维度恐怕无法再作为区分标准。

其次,关于社交机器人账户与人类账户获得的转发数量谁更多的问题,目前尚无定论。有学者认为社交机器人账户获得更多的转发,也有学者发现人类账户获得更多的转发。前者认为社交机器人试图通过互相转发来获得影响力,后者给出的解释是人类用户一般能够识别社交机器人账户,因此,转发频率较低。但随着社交网络机器人技术的不断发展,机器人获得更多转发的趋势应会越来越明显。原因如下:其一,社交机器人账户的识别对普通用户来说具有较大的难度,即使是高级社交网络用户也很难在推特上区分社交机器人和人类;其二,社交机器人账户通常会以一种类似于结构化的网络形式组织起来,较容易实现相互的频繁转发;其三,转发行为本身意味着缺乏独创性,相较于人类用户而言,社交机器人的独创性明显不足。

再次,曾有早期研究证明社交机器人使用的@字符比人类要少,因为社交机器人生成的东西更少。这一解释的出发点是社交机器人和人类用户生成内容的多少决定了@字符数量的差异,而近些年社交机器人数量及其上传内容快速增长,两者使用的@字符数量的差异可能已经不再明显。

最后,研究发现社交机器人账户在其推特中的链接数高于人类账户。研究者分析,社交机器人使用链接的频率更高,一是因为其目的是传播信息和产生影响力;二是使用链接对编程的要求更低。而当人类用户在推特上说他在做什么或他周围发生了什么时,可以使用图文、视频等原创内容加以表达,无需链接到其他网页。

此外,一项新近研究指出社交机器人会使用比人类多得多的来源(第三方工具)来发布推特,且在推特中放置的外部链接和上传的字节数远比人类多。还有学者从行为动态层面探究了两者在行为趋势上的不同,研究揭示,在社交机器人账户中并未发现在人类会话水平上存在的行为趋势,如发推和回复的比例增加、推特中包含的提及次数增加、推特的平均长度减少等。这一发现为考察两者的差异提供了新的方向,今后的研究可更多地从在线讨论过程的动态层面把握其行为趋势变化的不同。

(2)发布内容和情感表达

除账户标准特征之外,社交机器人和人类用户在发布内容和情感表达方面亦有所不同。人类用户生成相对更多的表达个人观点的推文,而社交机器人则倾向于传播更有信息量的推文。这符合我们的一贯认知,人类用户在独创性方面高于社交机器人,而社交机器人往往需要频繁的信息发布来扩大影响。社交机器人的情感表达也和人类用户有差异,研究发现,社交机器人触发情感的频率比人类低得多,且不管是积极情感还是消极情感,人类用户都比社交机器人表达得更强烈。社交机器人的情感表达较之人类用户虽显得有些"笨拙",但其对事件的整体情感同样会产生较大贡献。有研究指出,社交机器人会通过放大负面情绪来影响推特话语的情感感知,与主要表达愤怒的人类用户相比,社交机器人传达了更高强度的恐惧。在这一研究中,社交机器人发送的信息似乎比人类要更情绪化,一个可能的解释是,这是社交机器人使用的一种策略,以此吸引人类用户对其内容进行点赞和转发。

总体而言,尽管机器人账户与人类用户存在一些差异,但随着相关技术的发展,单方面的差异将越来越小,仅通过个别特征识别机器人账户已不大可能。

5.1.3　社交网络机器人的检测

自从社交网络上机器账号泛滥以来,就有许多针对机器账号检测的研究,随着人工智能的发展,机器账号隐藏和检测的研究都在加速进行。自相关研究开展以来,相关方法可以分为以下几类:众包社交机器账号检测平台、基于传统机器学习的检测技术、基于深度学习的检测技术、基于社交网络图的检测技术和主动式机器账号检测技术[81,83-88]。

(1)众包社交机器账号检测平台

众包社交机器账号检测平台是早期采用的技术,目前仍可作为自动化检测机制的重要辅助手段。这种方法认为机器账号检测对人类而言是一项较为简单的技术,因此,创建了一个在线图灵检测平台,通过雇用大量工作者和专家对脸书和人人网中的账号资料进行测试,向多个工作者提供相同的账号资料,将多数人的意见作为最终判定依据。

基于众包的机器人账号检测流程图如图 5-2 所示,先在社交网络中对用户举报和有异常行为的可疑用户进行筛选,筛选出可疑用户。同样地,对互联网中的众包工作者也先进行筛选,利用已确认的数据进行测试筛选,筛选掉一部分准确率极低的工作者,其余分为一般和高准确率的工作者。将可疑用户信息传给一般工作者进行判断,然后由高准确率工作者进行进一步的判断和确认,由两部分的判断结果共同决定可疑用户是否为机器账号。在使用过程中,检测平台的误报率接近于 0,可以保证非常高的检测正确率。然而,其缺点也非常明显。其成本对已具规模的社交网络平台而言几乎是不现实的。

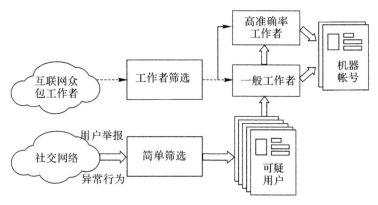

图 5-2　基于众包的机器人账号检测流程图

(2)基于传统机器学习的检测技术

目前主流的检测技术是基于机器学习的机器账号检测技术,也是最为常见的。基于机器学习的机器账号检测技术的实质是将这个问题看作一个二分类问题,在对账号提取出所需要的特征后,利用分类算法对数据进行分析,训练出检测模型,再利用模型对所需要分类的账号进行数据分析,并将其分类。

基于机器学习的检测技术需要解决的关键问题包括机器人账号训练数据的标注、特征的选择,以及机器学习算法模型的选择。基于机器学习的机器人账号检测如图 5-3 所示。

对于数据标注问题,目前大多数数据集是通过观察一部分相同目的的集群账号是否符合机器账号的标准。这些账号通常会共同发布相似的内容,以达到目的。例如,发布相似的内容带有共同的主题标签,或带有共同的诈骗网站的地址。此外,使用蜜罐技术(见 3.2.2 节)也可以捕获到大量的机器人账号。

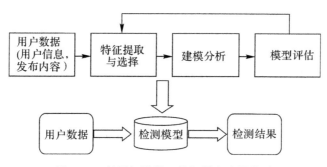

图 5 - 3　基于机器学习的机器人账号检测

在特征选择方面,常见的特征纬度包括用户信息特征、网络特征、朋友特征、推文特征、情绪特征、时序特征等。推特目前应用最广的 Botometer[88] 使用了上述几个维度中的 1 000 多项具体特征。

因为机器账号检测问题的目的明确,训练模型的效果容易评估,因此,当前大部分用于机器账号检测的算法都是监督学习。可用于机器账号检测监督学习算法有随机森林算法、贝叶斯算法、支持向量机算法、逻辑回归算法等。其中,随机森林算法是运用最为广泛的,Botometer 方案就是利用随机森林算法,将提取的特征用于训练七个不同的分类器,其十倍交叉验证的性能为 0.95 AUC,体现了随机森林算法在这方面的卓越性能。

利用无监督学习进行机器账号检测的研究也在不断增多。例如,有研究人员认为普通的人类账号不可能长时间地保持高度同步,因此,高度同步的账号很可能是机器账号,并开发了一个相关性检测器 DeBot 来识别社交网络中的相关用户账号:先收集账号的时间序列,将其作为输入,将其进行聚类匹配,相似程度极高的账号可能为一批机器账号。DeBot 不需要带有标签的数据,而是将账号聚类成相关的集合,数据集中的效果要比前面的 Botomter 更好,而且这个过程也是接近实时的。

(3)基于深度学习的检测技术

随着深度学习的火热发展,最近已经有越来越多的研究将其运用到机器账号检测过程中。深度学习是机器学习的一个分支,以人工神经网络为基础架构,对数据进行表征学习。与传统的机器学习不同的是,深度学习对数据的要求更多,需要更多的数据和时间来训练模型,同时可以利用无监督或半监督的特征学习以及用分层的特征提取算法来代替人工获取特征,可以大大节省时间并发现一些隐藏特征。

(4)基于社交网络图的检测技术

基于社交网络图的检测技术的主要依据是社交网络中用户之间所形成的社交网络图。社交网络图可以用于理解和分析社交网络平台上用户之间的关系。因此,基于社交图的检测技术重点关注用户之间的关系。毕竟在社交网络中,不会有账号孤立存在,彼此之间都是有联系的,正常用户和机器账号的社交网络图往往有很大区别。比如,正常用户的好友中会有很大一部分来自于现实中的好友,彼此相互关注,互动很多。而机器账号则不会有这样的特征,机器账号的相互关注好友就会少很多,这在社交关系图上会很明显,其评论和点赞也比较少,大部分是通过发送推文或转发来扩大影响力。正常用户和机器账号的好友中,机器账号所占比例也会不同。因此,正常用户的社交网络图的结构与机器账号的社交网络图的结构会有显著区别,基于社交网络图的检测技术正是利用这种区别,加上用户的网络特征来进行识别和检测。

(5)主动式机器账号检测技术

上述大多数检测技术都可认为是被动的,其流程如下:先观察到机器账号的存在、收集相关数据集进行分析、针对分析的结果设计检测方案、使用检测方案进行检测、机器账号继续进化,然后进入下一轮检测的拉锯战中。为了避免检测方案在机器账号进化时失效,主动式机器账号检测技术提出了一种能够提前发现检测模型弱点,从而及时改进的主动式检测方案[83,85,89]。其主要流程如图 5-4 所示,先对机器账号进行行为建模、仿真模拟机器账号行为、进化产生新的机器账号、评估进化后的机器账号是否存在其他检测维度、设计检测方案。

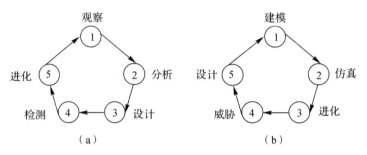

图 5-4 被动式检测与主动式检测

(a)被动式检测方案;(b)主动式检测方案

一种主动式机器账号检测技术的思路如下:对社交网络中账号的动作按照时间线进行提取并建模,将账号的不同动作,如发推、回复、转推等按照时间先后顺序建模成序列。因为真实账号通常在行为模式上表现出高度的不一致性,而同一组受控机器账号却会表现出高度的同质性,从而可以用字符串分析的方式将机器账号和真实账号进行区分。有研究者使用遗传算法对以行动序列为表征的机器账号模拟进化[84],结果证实经过 2 000 多轮迭代,进化后的机器账号逃脱了字符串分析方式的检测。这促使研究者继续评估进化后的机器账号与真实账号间是否存在同种建模方式下的其他检测维度,并最终使用一种基于香农信息熵测度账号行动序列混乱程度的方法,改进了对演化后机器账号的识别。

5.2 群控技术

5.2.1 群控技术发展史

黑灰产从业者通过恶意营销软硬件绕过互联网平台技术规制,批量操作多台移动端设备发起攻击,并通过修改伪造设备指纹,达到相同设备重复攻击不被识别的目的。这类恶意营销软硬件系统被称为群控[90]。

群控技术大体可以分为五代技术[90-93]。

第一代技术称为多开模拟器。通过一台经过修改系统软件的手机模拟出数十个系统,以此来同时运行一个应用的多个副本,但每个副本都认为自己运行在不同的设备上。

　　第二代技术称为线控。指通过系统自动化控制集成技术,把多个手机操作界面直接映射到电脑显示器,实现由一台电脑来控制几十台,甚至上百台手机的效果。手机群控系统——线控技术[93]如图 5-5 所示,集中管理的大量设备形成了设备牧场。设备牧场[92]如图 5-6所示。

系统软件　　　服务器　　　集线器　　　手机　　　手机支架

图 5-5　手机群控系统——线控技术[93]

图 5-6　设备牧场[92]

第三代技术称为箱控。箱控舍弃了正常手机的屏幕和锂电池等,将多枚安卓主板集成,并通过切割内存的方式达到多开的目的。优势在于大幅降低了外挂的占地面积和资金门槛,攻击设备管理方便,攻击操作简单。手机群控技术——箱控[92]如图5-7所示。

图 5-7 手机群控技术——箱控[92]

第四代技术称为云控。云控更为简单易行,其在攻击的移动设备上安装云控客户端,通过浏览器管理从云端主机给客户端下发指令,由客户端执行具体操作命令。

第五代技术称为云手机。通过浏览器访问管理远端的手机或模拟设备。恶意营销外挂软件的"云"化,不仅操作简单、手机数量无限制,而且攻击成本很低。

5.2.2　指纹检测与对抗

1.浏览器指纹

浏览器指纹是一组与用户设备相关的信息,从硬件到操作系统,再到浏览器及其配置[94]。浏览器指纹识别是指通过 Web 浏览器收集信息以建立设备指纹的过程。通过在浏览器中运行简单脚本,服务器可以从称为应用程序编程接口(API)和 HTTP 头的公共接口收集各种信息。API 是为特定对象和函数提供入口点的接口。虽然有些 API 需要访问权限,如麦克风或照相机,但大多数 API 都可以通过任何 JavaScript 脚本自由访问,从而使信息收集变得微不足道。与其他识别技术(如 cookies)相反,浏览器指纹识别依赖于直接存储在浏览器内部的唯一标识符(ID),因此,其被认定为完全无状态。它不留下任何痕迹,因为不需要在浏览器中存储信息。

许多社交网络机器人都通过 Web 浏览器的自动化脚本来执行浏览、点赞、添加好友等操作,有可能导致不同的机器人账户共享了相同或相似的浏览器环境。这就为检测机器人行为提供了依据。

2009 年,Mayer 调查了互联网起源的差异是否会导致网络客户端的非符号化,特别是,他想看看远程服务器是否可以利用浏览环境的差异来识别用户。他注意到浏览器可能会呈现来自操作系统、硬件和浏览器配置的"怪癖"。他进行了一项实验,收集了插件、屏幕、导航器的内容。mimeType 是连接到他实验网站的浏览器的对象。在 1 328 个客户中,1 278 个(96.23%)可以唯一识别。然而,他补充说,他的研究规模太小,无法得出更一般的结论。

一年后,来自电子前沿基金会(Electronic Frontier Foundation,EFF)的 Peter Eckersley 进行了 PopoptLICK 实验。通过在社交媒体和流行网站上交流,他在两周内收集了 470 161 个指纹。与 Mager 相反,他收集到的指纹数量更准确地反映了网络上设备多样性的状况。有了来自 HTTP 头、JavaScript 和 Flash 或 Java 等插件的数据,83.6% 的指纹是唯一的。如果用户启用了 Flash 或 Java,那么这个数字将上升到 94.2%,因为这些插件提供了额外的设备信息。这项研究创造了"浏览器指纹"一词,并首次证明这是一个大规模的现实。由于一款配置不太常见的设备可以在互联网上轻松识别,因此,由此产生的隐私影响非常强烈。图 5-8 展示了 AMIUNIQUE 网站测试到的浏览器指纹信息。

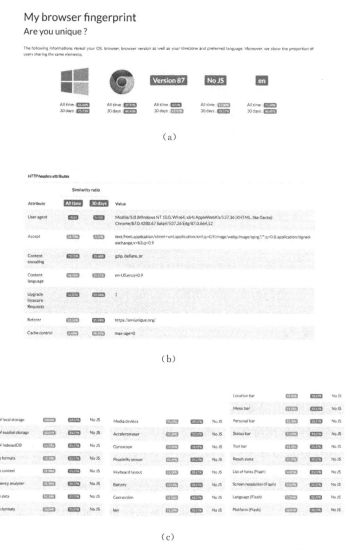

图 5-8　AMIUNIQUE 网站中测试到的浏览器指纹[95]

(a)浏览器指纹独特性评估;(b)HTTP 头指纹(7 项);(c)JavaScript 指纹(59 项)

2. 抗指纹检测浏览器

由于浏览器指纹具有高度独特性,因此,用户即使打开了浏览器的隐私模式,网站也可以轻易地跟踪浏览器的使用者。出于隐私保护的目的,一些浏览器及插件会对浏览器指纹进行混淆或随机化处理,以阻止网站对用户的持续跟踪。Cover your tracks 的检测显示 Brave 浏览器对指纹进行了随机化处理如图 5-9 所示。例如,Brave 浏览器[96]、电子前线基金会(Electronic Frontier Foundation,EFF)提供的 Privacy Badger 插件[96]、Bitdefender 网络安全套件中提供的 Bitdefender Anti-tracker 插件[96] 等都提供了一定程度的抗浏览器指纹跟踪能力,Firefox、Safari 等通用浏览器也都逐步开始提供防止跨站点追踪的特性[97-98]。

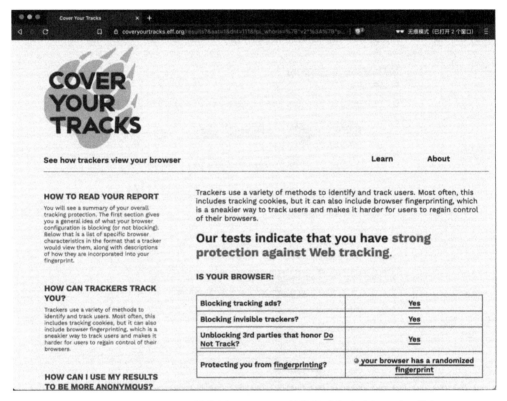

图 5-9 Cover your tracks 的检测显示 Brave 浏览器对指纹进行了随机化处理

与普通网络用户通过随机化浏览器指纹以保护个人隐私的目的不同,信息投送的执行者不是为了让自己不被跟踪,而是要假扮成其他人。因此,信息投送使用的浏览器一般并不采用每次登录都随机化指纹的抗跟踪手段,而是采用固定的伪造的配置。配置包含了浏览器指纹的各项信息,使用者可以自由地对其进行操纵和替换。

在一些为信息投放提供的抗指纹检测浏览器地下市场服务中,可以购买"配置"并完全伪装成为其他人,而这些配置有很多来自于从真实站点盗取的凭据。抗指纹检测浏览器及用户配置售卖地下市场[96]如图 5-10 所示。这些配置不仅包括可以欺骗不同类型的操作系统、网络和应用程序的浏览器指纹,在花费更多的情况下,还可以买到各类网站,如 Instagram、Spotify、Twitter 和 SoundCloud 的真实用户凭据和 cookie,甚至包括被盗用户的电子邮件和银行的登录凭证。地下市场售卖的带有完整用户配置的机器人[96]如图 5-11 所示[96]。

抗指纹检测浏览器与用户凭据打包在一起，就构成了地下市场中售卖的"机器人"。信息投放的执行者利用机器人配合与之匹配的网络线路，就可以假扮成真实存在的用户，并利用这些用户已经存在的影响力在网络空间进行各种各样的活动。

图 5 - 10　抗指纹检测浏览器及用户配置售卖地下市场[96]

图 5 - 11　地下市场售卖的带有完整用户配置的机器人[96]

浏览器指纹的修改方案可以分为三种类型[99]。

（1）JavaScript 注入

通过这种方法，JavaScript 会注入到浏览器加载的所有网页中。这样，JavaScript 属性和方法将被覆盖以向服务器发送不同的信息。例如，当脚本想要访问 navigator. userAgent 或渲染画布图像时，它将找到新注入的版本而不是默认版本。这种方法的优势在于易于部署和可维护性。但是，先前的工作表明，这些欺骗性扩展可能无法提供最佳的防指纹保护，因为它们经常会出现 JavaScript 对象的不完整覆盖，并可能创建不可能的配置。

（2）本机欺骗

本机欺骗会修改浏览器的源代码以返回修改后的值。对于某些属性，更改发送的值就像重写字符串一样简单，但是对于其他方法（如画布指纹识别），成功的修改需要对浏览器代码库有更深入的了解，以找到正确的方法并进行适当的修改。该解决方案的优势在于难以检测，因为对文档对象模型（DOM）的检查不足以检测欺骗的痕迹。缺点是维护成本可能很高，因此，每次更新后都需要完全重建浏览器。

(3)重新创建的完整环境

此方法包括在主机系统上利用具有所需配置的虚拟化浏览环境。这种方法的优点是当组件真正在系统上运行时，呈现给服务器的指纹是真实的。出于相同的原因，这种方法不会导致不可能的配置。不利的一面是与简单的浏览器扩展或经过修改的浏览器相比，此方法需要更多的系统资源。

B. Amin Azad 研究了四种地下市场及公开的抗检测浏览器，对各自的技术特性进行了总结[99]。抗检测浏览器技术特性[99]见表 5-1。

表 5-1 抗检测浏览器技术特性[99]

工　具	AntiDetect	Fraudfox	Mimic	Blink[100]
类　型	JavaScript 注入	JavaScript 注入	本机欺骗	重新创建的完整环境
测试版本	7.1	1.5.1	1.4.8	1.0
配置或组件数量	大于 4 000	600 种字体、90 个用户代理、85 个插件、5 个浏览器以及 6 种操作系统	1 000	2 762 种字体、39 个插件、6 种浏览器以及 4 个操作系统
使用浏览器	Firefox 41~48	Firefox 41	Chrome 61	最新版本的 Chrome 与 Firefox
网　络	—	通过 SocksCap64 代理，并且利用 Osfuscate 混淆操作系统网络包	内置代理管理（HTTP、Socks5）	内置 Tor 支持
用户代理	✔	✔	✔	✔
语　言	✔	✔	✔	
屏　幕	✔	✔	✔	
导　航	✔	✔	✔	✔
时　区	✔	✔	✔	✔
日　期			✔	
字　体		✔	✔	✔
插　件	✔	✔	✔	✔
媒体设备			✔	
画　布	噪声（字符串中字母）	噪声（字体与颜色）	噪声（字体与颜色）	噪声（改变操作系统）

续表

工　具	AntiDetect	Fraudfox	Mimic	Blink[100]
WebGL	屏蔽	屏蔽	仅供应商与渲染器	噪音（改变操作系统）
WebRTC	✔		屏声或虚假 IP	
地理位置	✔		✔	
硬件并发			✔	

3. 抗指纹检测浏览器的侦测

尽管抗指纹检测浏览器掩盖了攻击者的特征,但可以通过一系列的方法对其进行检测,从而发现机器人活动的迹象[99]。

第一种思路是检测不可能存在的指纹。由于大多数抗指纹检测浏览器的指纹是由随机化方法生成的,因此难以保证指纹数据的合理性。例如,研究者发现,在 AntiDetect 启动的 Chrome 配置文件中,可以观察到 webkit 和 moz 前缀属性的存在,然而这是不可能的,因为它们属于两个不同的渲染引擎。另一个例子是用户代理报告 64 位操作系统和 32 位的导航器,导致两个属性不匹配。当发现上述情况时,显然这是一个伪造的指纹。

第二种思路是检测 JavaScript 注入。很多抗指纹检测浏览器使用浏览器插件机制,通过 JavaScript 实现指纹混淆功能。这样,就可以有针对性地在 Web 页面中加以检测。

第三种思路是发现这些抗指纹机制的特征。例如,Mimic 不依赖 JavaScript 注入,但该浏览器在欺骗 WebGL 渲染器时,始终在每个值前面添加“ANGLE”字符串。然而,这个字符串只能在 Windows 上找到。这就为侦测提供了新的线索。

4. 设备指纹

除基于浏览器指纹之外,还可以通过类似浏览器指纹的方法检测设备指纹来发现异常的设备共用现象。以安卓设备为例,常见的设备指纹见表 5 - 2。

表 5 - 2　常见的设备指纹

名　称	接口参数名称	备　注
序列号	getDeviceId	序列号 IMEI
andrlid_id	getString	android_id
手机号码	getLine1Number	手机号码
手机卡序列号	getSimSerialNumber	手机卡序列号
IMSI	getSubscriberId	IMSI
手机卡国家	getSimCountryIso	手机卡国家
运营商	getSimOperator	运营商
运营商名字	getSimOperatorName	运营商名字
国家 iso 代码	getNetworkCountryIso	国家 iso 代码

续表

名　称	接口参数名称	备　注
网络运营商类型	getNetworkOperator	返回 MCC＋MNC 代码
网络类型名	getNetworkOperatorName	返回移动网络运营商的名字（SPN）
网络类型	getNetworkType	3
手机类型	getPhoneType	手机类型
手机卡状态	getSimState	1
mac 地址	getMacAddress	MAC 地址
蓝牙名称	getName	HUAWEI
返回系统版本	getDeviceSoftwareVersion	null
CPU 型号	cpuinfo	CPU 的型号
固件版本	getRadioVersion	无线电固件版本号，通常是不可用的
Build 系列	android.os.Build	
系统版本	RELEASE	获取系统版本字符串，如 4.1.2
系统版本值	SDK	系统的 API 级别
品　牌	BRAND	获取设备品牌
型　号	MODEL	获取手机的型号
ID	ID	设备版本号
DISPLAY	DISPLAY	获取设备显示的版本包（在系统设置中显示为版本号）和 ID 一样
产品名	PRODUCT	整个产品的名称
制造商	MANUFACTURER	获取设备制造商
设备名	DEVICE	获取设备驱动名称
硬　件	HARDWARE	设备硬件名称，一般和基板名称一样（BOARD）
指　纹	FINGERPRINT	设备的唯一标识，由设备的多个信息拼接合成
串口序列号	SERIAL	返回串口序列号
设备版本类型	TYPE	主要为 user
描述 build 的标签	TAGS	设备标签，如 release-keys
设备主机地址	HOST	设备主机地址
设备用户名	USER	基本上都为 android-build

续表

名　　称	接口参数名称	备　注
固件开发版本代号	codename	设备当前的系统开发代号,一般使用 REL 代替
源码控制版本号	build_incremental	系统源代码控制值,一个数字或者 git
主板	board	获取设备基板名称
主板引导程序	bootloader	获取设备引导程序版本号
Build 时间	time	Build 时间
系统的 API 级别	SDK_INT	数字表示
CPU 指令集 1	CPU_ABI	获取设备指令集名称(CPU 的类型)
CPU 指令集 2	CPU_ABI2	
WifiManager	WIFI 相关	
蓝牙地址	getAddress	蓝牙地址 MAC 地址
无线路由器名	getSSID	WIFI 名字
无线路由器地址	getBSSID	ce:ea:8c:1a:5c:b2
内网 ip(wifi 可用)	getIpAddress	可以用代码转成 192.168 形式
Display	屏幕相关	
屏幕密度	density	屏幕密度(像素比例:0.75/1.0/1.5/2.0)
屏幕密度	densityDpi	屏幕密度(每寸像素:120/160/240/320)
手机内置分辨率	getWidth	内置好的不准确已废弃 API
手机内置分辨率	getHeight	1 184
x 像素	xdpi	屏幕 x 方向每英寸像素点数
y 像素	ydpi	屏幕 y 方向每英寸像素点数
字体缩放比例	scaledDensity	2

第6章 控制、强化与维持阶段的技术对抗

基于舆论操纵周期模型[4]，在控制、强化与维持阶段，信息内容攻击者的主要任务包括：①在少数但积极的支持者群体(推广积极分子或拥护者)中进行有针对性的定向推广(分发思想)；②可以使用服务来操纵社交网络，以加快和扩大这一过程；③为了提高关键故事的知名度，需要获得关键数量的支持者；④通过让目标受众自己主动宣传故事(雪球/病毒效应)来实现持久性；⑤使用支持性的活跃组织，创造正面和负面的反馈；⑥建立关键故事后，添加辅助故事，保持活动水平出色，并为人群做好应对变化的准备；⑦评估指标以查看操作是否成功，并检查汲取的经验教训，以帮助增加未来活动的成功率。

为增强目标受众的主动传播意愿，攻击者可能会基于侦查阶段获得的用户画像，利用个性化推荐技术，从内容库中选择最容易被接受的信息，发送给目标用户；为获取足够数量的支持者，取得最优的传播效果，攻击者还可能会利用影响力最大化技术，选择在给定资源投入下预期收益最佳的初始传播对象，使信息在目标受众中广泛传播。

本章将简要介绍个性化推荐与影响力最大化技术，并介绍作为信息内容安全的防御者如何利用多样性推荐打破信息茧房，以及如何在竞争环境下实现影响力的抵消与阻断。

6.1 个性化推荐技术

6.1.1 社交网络推荐技术

推荐系统的主要思想是分析用户的历史行为和偏好信息，建立模型，并自动向用户推荐感兴趣的项目或产品，然后为用户获得个性化列表。社交网络平台的运营方往往使用推荐系统为用户提供有针对性的订阅建议，或是进行内容推广。但推荐算法并不局限于社交网络平台运营方使用。在仅具备普通用户权限的情况下，信息内容安全的攻击者也可以使用推荐系统，基于目标受众的用户画像，从准备发布的素材库中选择最可能吸引目标、被目标接受并进一步传播互动的内容。

例如，英国伦敦的一家政治咨询公司"剑桥分析"(Cambridge Analytica)被指利用社交媒体脸书约 5 000 万人的用户数据，影响英国 2016 年脱欧公投、美国 2016 年大选。这家公司基于 Facebook 用户的点赞，构建了选民的心理画像模型，并利用推荐算法选择个性化的政治广告，以获得最佳的说服效果。比如，为了帮助拥枪派的客户，剑桥分析公司会向谨小慎微、高度神经质的选民推送"入室抢劫者砸窗"的广告，以触动选民的警惕心理，提醒其需要拥枪自卫。

针对亲和力强、看重传统习惯的选民,剑桥分析公司推送的广告却是"父子俩在夕阳下一起打猎",将拥枪美化成"美国代代相传的家庭文化传统"。

1. 传统推荐算法

传统的推荐算法主要包括基于内容的推荐(Content-based Recommendation)、协同过滤推荐(Collaborative Filtering-based Recommendation,CFR)和混合推荐(Hybrid Recommendation)三种[101-103]。

(1)基于内容的推荐

该推荐算法主要利用项目内容信息进行推荐,是信息过滤技术的延续与发展。其通过机器学习方法从内容的特征描述中得到用户的偏好信息,而不需要依据用户对项目的评价意见。基于内容的推荐的过程一般如下:先抽取表示该项目的项目特征,然后利用用户过去感兴趣及不感兴趣的项目特征数据学习该用户的偏好特征,最后通过比较用户的偏好特征和候选项目特征为用户推荐一组相关性最大的项目。

(2)协同过滤推荐

该算法假设拥有相似兴趣的用户可能会喜欢相似的项目,或者用户可能对相似的项目表现相似的偏好程度。其核心思想是基于近邻的推荐算法,利用用户或物品间的相似度,以及历史行为数据以对目标用户进行有效推荐。

(3)混合推荐

该算法将多种推荐算法进行混合,使它们相互弥补缺点以获得更好的推荐效果。最常见的是将协同过滤推荐与基于内容的推荐相结合。混合推荐系统用于利用多个数据源的能力,或改进特定数据模式下现有推荐系统的性能。构建混合推荐系统的一个重要动机是不同类型的推荐系统,如协同过滤推荐、基于内容的推荐具有不同的优缺点。一些推荐系统在冷启动时工作更有效,而其他系统在有足够数据可用时工作更有效。混合推荐系统试图利用这些系统的互补优势,创建一个整体鲁棒性更强的系统。

在上述三种算法中,与基于内容的推荐相比,协同过滤推荐的优点:首先,可以帮助用户发现新的兴趣,发现与用户已知兴趣不同的潜在兴趣偏好;其次,通过共享他人经验,可避免内容分析的不完全和不准确,并且能够基于复杂概念(如个人品味)进行过滤;最后,能够通过使用其他相似用户的反馈信息加快个性化学习速度。因此,协同过滤推荐是目前应用最广泛、最成功的推荐算法之一。

有两种类型的协同过滤推荐被广泛研究,即基于内存的协同过滤推荐(Memory-based CF)和基于模型的协同过滤推荐(Model-based CF)[102]。

(1)基于内存的协同过滤推荐

基于内存的协同过滤推荐一般采用最近邻技术,先利用用户的历史喜好信息计算用户之间的距离,然后利用目标用户的邻居用户对商品评价的加权值来预测目标用户对特定商品的喜好程度,推荐系统根据喜好程度对目标用户进行推荐。该算法包括基于用户的算法(User-based CF)和基于项目的算法(Item-based CF)。基于用户的方法根据用户之间的评分行为相似度预测用户的评分;基于项目的算法根据预测项目与用户实际选择项目之间的相似度预测用户评分。由于这两种方法的原理不同,因此,在不同应用场景中的表现不同。基于用户的算法更社会化,反映用户所在的兴趣群体中物品的热门程度;基于项目的算法更个性化,反映用户自己的兴趣传承。两类协同过滤的基本原理如图 6-1 所示。

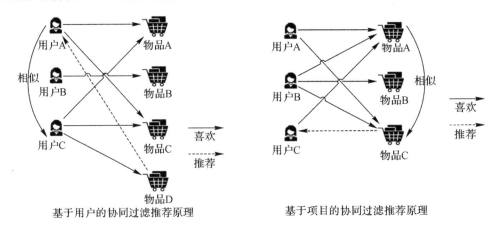

基于用户的协同过滤推荐原理　　　　基于项目的协同过滤推荐原理

图 6-1　两类协同过滤的基本原理

在基于内存的协同过滤推荐算法中，计算相似度的常用方法包括皮尔森（Pearson）相关系数、余弦相似度、杰卡德（Jaccard）相似系数及欧氏距离。这些相似度计算方法没有绝对的优劣之分，适用场景也并非绝对。因此，应根据实际的应用场景、数据特点灵活选择或进行组合。

（2）基于模型的协同过滤推荐

基于模型的协同过滤推荐通过建模的方式模拟用户对项目的评分行为。其使用机器学习与数据挖掘技术，从训练数据中确定模型，并将模型用于预测未知商品评分。常见模型包括聚类模型、贝叶斯模型、矩阵分解、马尔可夫决策过程等。

其中，聚类模型可以分为用户聚类模型、项目聚类模型及用户-项目联合聚类模型。用户聚类模型将兴趣相近的用户集聚成一簇，项目聚类模型将相似项目进行聚类，用户-项目联合聚类模型同时考虑对用户和项目的聚类结果进行综合分析。聚类结果应该具有较高的簇内相似性和较低的簇间相似性。

贝叶斯模型是将推荐问题转化为分类问题，可以通过机器学习领域中的分类算法来解决推荐问题。贝叶斯网络基于条件概率和贝叶斯定理。该网络是最流行的概率框架，能够推导出用户或项目之间的概率依赖关系。

矩阵分解是推荐系统中最常用的协同过滤推荐模型之一。该模型利用用户—项目评分矩阵预测用户对项目的评分，通过学习用户潜在向量 v 和项目的潜在向量 v，使 U 和 V 内积近似于用户真实评分 X，得到预测的评分 R 为

$$r_{ij} = \boldsymbol{u}_i^{\mathrm{T}} \boldsymbol{v}_j$$

其中，i 是用户索引，j 是项目索引，r_{ij} 表示用户 i 对项目 j 的预测评分，u 是用户的潜在向量，v 是项目的潜在向量。然后计算其损失函数如下：

$$L_{MF} = \parallel X = R \parallel^2 + \lambda(\parallel \boldsymbol{u} \parallel_F^2 + \parallel \boldsymbol{v} \parallel_F^2)$$

基于马尔可夫决策过程（MDP）的协同过滤推荐将推荐转化为一种序列优化问题，使用 MDP 生成推荐。MDP 的关键优势在于它们考虑每个推荐的长期影响和每个推荐的算术平均值。MDP 可以被定义为一个四元组 $\langle S, A, R, P_r \rangle$，其中 S 表示状态集合，A 表示行为集合，R 表示每个"状态/行为"对的奖励函数，P_r 表示给定任意行为的每一状态对之间的转移概率。

2. 基于深度学习的推荐算法

基于深度学习的推荐系统可以分为两大类:集成模型和神经网络模型。考虑到是将传统推荐模型与深度学习相结合,还是完全依赖深度学习技术,我们将整合模型分为两种:将深度学习与传统推荐模型相结合和完全依赖深度学习模型的推荐[103]。具体可分为以下五种类型。

(1)基于内容的推荐系统

基于内容的推荐系统主要基于项目和用户各种各样的辅助信息。基于内容的推荐系统中的深度学习主要用于有效捕获非线性和非平凡的用户项关系,并将更复杂的抽象编码为更高层的数据表示。此外,它从大量可访问的数据源(如上下文、文本和视觉信息)捕获数据本身内部的复杂关系。

(2)协同过滤系统

协同过滤(Collaborative Filering,CF)是推荐系统中广泛使用的一种算法,用于解决许多现实问题。传统的基于 CF 的方法采用用户项目矩阵,依据用户对项目的个人偏好程度进行编码,以便学习推荐。在实际应用中,评级矩阵通常非常稀疏,导致基于 CF 的方法在推荐性能上显著降低。一些改进的 CF 方法利用不断增加的边信息量来解决数据稀疏问题及冷启动问题。然而,由于用户项矩阵和旁侧信息的稀疏性,因此,学习到的潜在因素可能无效。一些研究人员利用深度学习中学习有效表征的进展,提出了基于深度学习的协同过滤算法,这是一种基于模型的协同过滤推荐算法。

(3)基于深度学习的混合推荐系统

传统的基于 CF 的算法采用用户项目矩阵,依据用户对项目的个人偏好进行编码,以便学习推荐。在实际应用中,评级矩阵通常非常稀疏,导致基于 CF 的方法在推荐性能上显著降低。在这种情况下,一些改进的 CF 方法利用不断增加的边信息量来解决数据稀疏性问题以及冷启动问题。然而,由于用户项矩阵和旁侧信息的稀疏性,学习到的潜在因素可能无效。基于深度学习的混合推荐系统的基本思想是将基于内容的推荐算法与协同过滤推荐算法相结合,将用户或项目的特征学习和推荐过程集成到一个统一的框架中。

(4)深度学习和基于社交网络的推荐系统的结合

传统的推荐系统总是忽略用户之间的社会关系。但在现实生活中,当向朋友请求推荐时,实际上是在请求社交推荐。社交推荐每天都会出现,用户往往向朋友寻求推荐。因此,为了改进推荐系统,并提供更个性化的推荐结果,需要在用户之间加入社交网络信息。在社交网络中,用户之间存在各种类型的社交关系,用户之间会通过社交关系进行互动。

(5)基于深度学习的上下文感知推荐系统

上下文感知推荐系统(Context-Aware Recommender System,CARS)将上下文信息整合到推荐系统中,已成为推荐系统领域的研究热点之一。深度学习应用于上下文感知推荐系统。在许多复杂的推荐场景中,深度学习方法可以有效地将上下文信息集成到推荐系统中,并通过深度学习的方法,获得语境信息的潜在表征。基于此,上下文感知推荐系统可以有效地集成到各种粗糙情况数据中,以缓解上下文感知推荐系统中的数据稀疏性。目前,基于深度学习的上下文感知推荐系统的应用主要集中在如何利用深度学习方法对情境信息进行有效建模上。

序列信息在用户行为建模中起着重要作用,各种序列推荐算法被提出。基于马尔可夫假设的方法被广泛使用,但独立地结合了几个最新的组件。最近,基于递归神经网络(RNN)的方法已成功应用于多个序列建模任务。然而,在实际应用中,这些方法很难对上下文信息进行建模,这对行为建模非常重要。

目前,基于深度学习的上下文感知推荐系统的应用主要集中在如何利用深度学习方法对情境信息进行有效建模上。一些研究人员提出了一种新的模型,称为上下文感知递归神经网络(CA-RNN)。CA-RNN 不使用常规 RNN 模型中的常量输入矩阵和转移矩阵,而是采用自适应上下文特定输入矩阵和自适应上下文特定转移矩阵。自适应特定于上下文的输入矩阵捕获用户行为发生的外部情况,如时间、位置、天气等。

6.1.2 面向多样性的推荐

1. 回音室效应与过滤泡效应

推荐系统在很大程度上会对用户意见形成和内容偏好产生巨大影响。研究发现,推荐系统中的用户会经历"偏好反馈循环",与其他分享他们偏好的人进行比较,会得到更具同质性的推荐[104]。这是推荐系统产生意外副作用的一种表现,即产生"过滤泡"和"回音室"。

回音室(Echo Chamber)是指通过反复接触类似内容来增强用户兴趣的效果,描述了群体内意见相似的社交社区的崛起,而过滤泡(Filter Bubble)作为一组过于狭窄的推荐现象,被认为是将用户隔离于信息回音室的原因[105]。两者都代表了推荐算法可能带来的恶意影响,但回音室强调极化,过滤泡则强调单一。

社交网络的回音室效应是用户陷入观点极化的重要原因。目前,社交网络大多采用基于相似性的个性化推荐机制。在这种机制下,用户会被持续但低强度地推荐新的内容或用户,表面上扩大了认知范围,但实际上,这些基于用户社交网络和历史数据推荐的内容,与用户自身往往具有较强的相似性。相似的内容稀释了不同观点的存在,使用户处在一个不断强化自身观点的回音室中,并产生自己的观点已得到广泛认同的错觉,最终促使各种"愤怒团体""仇恨团体""阴谋团体"等的形成。

2. 多样性表征

在社交网络中采用面向多样性的推荐机制是打破回音室效应的重要手段。通过合理的推荐机制设计,在符合国家法律规定与社会道德要求的基础上,之前出现极化倾向的用户可以持续地接触到多样性的观点,理解甚至接受更多不同的选择,从而逐步走出认知局限,有效地避免极端小群体的出现,防止网络社会的割裂。

为实现上述目的,需先形式化表征社交网络中的多样性,然后设计面向多样性的社交网络推荐算法,通过社交网络主动的推荐机制有效地影响可能陷入回音室效应的目标群体。

使可能陷入回音室效应的用户接触到多样性的信息是社交网络多样性的根本目的。因此,社交网络多样性的表征也通过用户接触信息的多样性来表征,其中包括用户所处环境中的内容多样性与态度多样性。内容的多样性用于促使社交网络用户了解到事物的更多方面,态度的多样性促使用户理解他人对事物的不同看法。

针对内容多样性的表征,可基于同主题下用户接触的关键词汇相对于全体用户使用词汇的覆盖率来表示。基于主题进行比较是考虑到用户的兴趣并不相同也无需相同,只有在同一主题下进行比较才有意义。可采用嵌入空间的主题模型 ETM[106] 对社交网络中包含的主题进行建模,获得社交网络中主题的集合、主题中词汇的集合,以及文本涉及的主题集合。记 $W_k \subseteq W$ 是涉及第 k 个主题的文档集合,V_k 是第 k 个主题的词汇表,$W_{k,u} \subseteq W_k$ 是社交网络用户 u 通过关注/好友关系可见的涉及第 k 个主题的文档集合,$V_{k,u}$ 是文档集合 $W_{k,u}$ 的词汇表。那么用户 u 在主题 k 上的内容多样性暴露可表征为

$$D_{\text{content}}(u,k) = \frac{\|V_{k,u} \bigcap V_k\|}{\|V_k\|}$$

对于态度多样性的表征,可根据观点极性分布差距来表示[107]。态度多样性的目的是社交网络用户在不违背法律法规与社会道德的前提下,对于本身具有高度复杂性的事件,可以接触到各种不同程度的观点,而不是陷入非黑即白的思维误区。因此,可以对观点极性的过大差距进行惩罚,并据此设计态度多样性的表征。记 $W_k \subseteq W$ 是涉及第 k 个主题的文档集合,U_k 是涉及第 k 个主题的用户集合,L_k 是 W_k 对应的情感极性集合,对于任意的 $l \in L_k$,均有 $l \in [-1,1]$,$W_{k,u} \subseteq W_k$ 是社交网络用户 u 通过关注/好友关系可见的涉及第 k 个主题的文档集合,$L_{k,u}$ 是 $W_{k,u}$ 对应的情感极性集合。将 $L_{k,u}$ 中的元素进行排序,排序结果为 $l_{k,u,1} \leqslant l_{k,u,2} \leqslant \cdots \leqslant l_{k,u,n}$。那么用户 u 在主题 k 上的态度多样性暴露可表征为

$$D_{\text{sentiment}}(u,k) = 1 - \frac{1}{4} \sum_{i=1}^{n-1} (l_{k,u,i+1} - l_{k,u,i})^2$$

3. 多样性推荐

改善社交网络中多样性缺乏问题的一种主动解决方案是利用社交网络的推荐机制[107][108]。通过评估用户的多样性暴露指标,对需要干预的用户直接推送包含更多主题、更多倾向的内容,可以使这些用户直接接触到多样化信息,一定程度上改善多样性缺乏问题。但是简单的推送存在一些局限:第一,由于推送机制对用户体验的侵入性,决定该机制不可能被频繁使用,因此,可以推荐的数量极为有限;第二,社交网络用户可能并不接受与其信念不符的推送内容,如果仅关注多样性指标,就可能会造成推荐系统的召回率严重下降。

为此,多样性最大化的推荐算法建模为特殊的影响力最大化问题。通过考虑推荐内容在社交网络中的自发传播,实现对目标人群的多样性暴露的最大化。

考虑选择目标人群 U_k 中的一组用户作为种子节点,并向其推送 W_k 的一个子集。令 $\varepsilon = U_k \times W_k$ 表示所有可能的(用户—推送)组合,令 $A \subseteq \varepsilon$ 表示分配。引入网络传播的独立级联模型,假设任一内容 i 从用户 u 到用户 v 的传播概率为 p_{uv}^i。对于每个 $u \in U_k$,记 $I_u(A)$ 为从分配 A 开始的传播过程收敛时 u 所暴露的推送内容的集合。然后将分配 A 对暴露函数 $D(\cdot)$ 的多样性暴露水平定义为目标人群中所有用户的多样性暴露水平的总和:

$$F(A) = \sum_{u \in U_k} D(I_u(A))$$

分别将内容多样性暴露函数 $D_{\text{content}}(\cdot)$ 和态度多样性暴露函数 $D_{\text{sentiment}}(\cdot)$ 代入得到不同的目标函数。因此,多样性最大化的推荐等价于优化 $F(A)$ 的数学期望:

$$A = \underset{A \subseteq \varepsilon}{\text{argmax}}\, \mathbb{E}\{F(A)\} = \underset{A \subseteq \varepsilon}{\text{argmax}}\, \mathbb{E}\Big[\sum_{u \in U_k} D[I_u(A)]\Big]$$

可以证明 $\mathbb{E}[F(A)]$ 是拟阵约束下的单调次模函数的最大化问题。为解决该 NP 难问题,可通过贪婪算法进行计算。在贪婪算法的每次迭代中,都需要计算预期的边际增益 $\mathbb{E}[F(u,i)|A_G]$ 中的每个可行的用户—推广对 (u,i),这就需要计算给定节点集合的预期影

响范围。该问题的复杂度是 P 难问题,可通过反向共暴露集(RCset)[107-108]等技巧降低时间复杂度,实现对期望的精确估计。计算结果可生成社交网络目标人群中种子用户与对应推广内容的优化推荐方案,从而推动社交网络内容与态度多样性的实现。

6.2 影响力最大化技术

6.2.1 社交网络中的影响力最大化问题

在社交网络的舆情传播中,具有高影响力的节点,如焦点媒体、公众人物等,在观点传播、信息传递等过程中扮演着重要的角色,往往起到推波助澜或风向逆转的作用,挖掘、认识和利用这些高影响力节点就成为了引领传播方向、增强舆情导控,以及降低负面影响的关键[109]。因此,社交网络信息内容的攻击者同样会利用影响力最大化算法,实现信息内容在有限成本下的最大化传播。

1. 影响力指标

随着复杂性科学及多学科交叉的不断融合,节点影响力测度的定量化方法层出不穷,其研究视角和构建的影响力指标从基于节点单属性到多属性指标,其网络结构属性从无向、无权、单层网络到有向、权重、多层网络,其研究的问题从舆情导控、信息传播、疾病控制到犯罪组织监察、市场营销及异常事件监测等。研究问题的不同、网络结构的异质性、约束条件的差异性等使得不同研究者对节点影响力的理解和认识都有所不同,这也就直接导致了节点影响力测度方法的指标选取呈现出不同的视角和维度,具体可以分为基于节点局部信息的单属性指标测度方法、基于网络全局信息的单属性指标测度方法和基于节点多属性的多指标测度方法[109]。影响力指标分类见表 6-1。

表 6-1 影响力指标分类

类 别	信息结构	指标内容
单属性指标	局部信息	邻居数量
		邻居间连接拓扑信息
		三角结构数量(聚集系数)
		结构洞(网络约束系数)
		社区中心性
	全局信息	接近中心性
		介数中心性
		流介数中心性
		特征向量中心性
		K-Shell 分解法及其改进算法

续表

类　别	信息结构	指标内容
多属性指标	局部＋全局指标	3 指标法（度数中心性、介数中心性、K‐shell 核层）
		4 指标法（度数中心性、介数中心性、接近中心性、K‐shell 核层）
		7 指标法（网络约束系数、介数中心性、等级度、效率、网络规模、PageRank 值、聚类系数）
		内部属性（社区中心性、度数中心性等）、外部属性（K‐shell 核层）

（1）基于节点局部信息的单属性指标测度方法

这类方法一般具有简单、计算复杂度低等优点。例如，半局域中心性（Semi‐local Centrality），利用了节点一阶邻居和二阶邻居的信息来定义中心节点的影响力，并通过对博客网络、科学家网络、路由器网络及邮件网络 4 种网络的节点影响力分析，发现此方法的有效性优于传统的介数中心性指标，且拥有更低的算法复杂度。基于邻居间连接信息的局域结构中心性（Local Structural Centrality），在半局域中心性方法的基础上，进一步考虑了邻居节点彼此间可能建立连接的拓扑信息，从而由最终邻居数量与邻居节点间的关系共同构成。

（2）基于网络全局信息的单属性指标测度方法

这类方法具有定义准确、可靠性高等优点，但其计算复杂度高而难以适用于大型复杂网络，如经典的接近中心性、介数中心性、流介数中心性、特征向量中心性、K‐shell 分解法等。此类方法主要从网络全局的视角来观察节点的网络位置以此来定义节点影响力，越处于网络核心，起到信息中转或桥接作用的节点往往影响力更高。

（3）基于节点多属性的多指标测度方法

这是一种综合性方法，从节点的多属性角度出发，以更加全面和深入的视角来综合定义节点影响力。此类方法认为从单一维度或指标来定义节点影响力，其准确性和有效性不高，而综合单个指标各自的优点，从多个角度或维度来评价节点的影响力，其准确性和有效性将会提高。

2. 影响力最大化

影响力最大化的关键就在于找出一个影响力节点集合，使得在这样的节点集合组合下，传播效果最大，传播范围最广，以及传播所需的资源最少。寻找影响力节点集合的方法一般可以分为具有可证明保证的近似算法、启发式解决方法、基于社团的算法、元启发算法及其他算法[109‐114]。影响力最大化算法分类体系如图 6‐2 所示。

1）具有可证明保证的近似算法：一般都给出了影响扩散的最坏情况界限。然而，它们中的大多数都存在可伸缩性问题，这意味着，随着网络规模的增加，运行时间大幅增长。这一类的许多算法都有近似最优的渐近界限。

2）启发式算法：不会给出影响扩散的任何最坏情况界限。然而，与前一类算法相比，大多数算法具有更大的可扩展性和更好的运行时间。

3）基于社团的算法：这类算法使用对底层社交网络的社团检测作为中间步骤，将问题降低到社团级别，并提高可扩展性。这一类的大多数算法都是启发式的，因此，不提供影响扩散的任何最坏情况界限。

4)元启发算法:这类算法是优化算法,其中许多是基于进化计算技术开发的。这类算法也没有给出影响扩散的最坏情况界限。

5)其他算法:包括其他未分类的算法。例如,针对在任何信息扩散过程中,只有不到10%的节点受到跳数2以外的影响这种现象,有研究者开发了一种基于跳转(Hop)的影响力最大化算法。

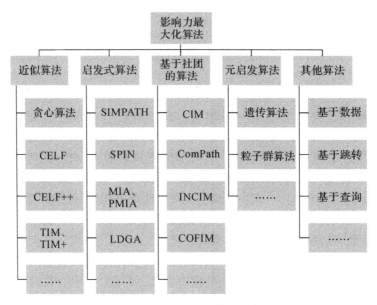

图6-2 影响力最大化算法分类体系

6.2.2 影响力缓解

1. 错误信息缓解手段

在信息内容安全的攻击者利用影响力最大化算法使得错误有害信息广泛传播之后,如何缓解对防御者而言非常具有挑战性。有关缓解技术可分为以下三个主要类别[115]。

(1)影响阻断

这种方法旨在识别一组最小的用户,他们的免疫将最大限度地减少错误信息在网络中的传播。有一些通用的方法可以用来在给定各种参数的情况下选择最佳用户集,如开始传播的源节点集、应该保存的目标节点、谣言的截止日期(在那个时间之后,谣言有效,如与事件有关的谣言仅在事件前有效)等。

(2)真相宣传

对抗假新闻负面影响的另一种方法是让用户了解真实信息。研究表明,如果用户同时接触到真实信息和虚假信息,那么用户往往会相信真实信息,也会进一步减少虚假信息的共享。相关的算法包括近似、贪婪和基于启发式的真相竞争技术。

(3)缓解工具

可以设计一些工具,通知用户信息的可信度,以尽量减少虚假信息的传播。这些工具旨在减轻网络上虚假信息的流动。

2. 影响阻断

影响力最大化是网络科学中一个经过充分研究的问题,其重点是确定一组最小的初始采用者,以最大化给定网络中的影响力传播。然而,在错误信息传播的情况下,防御者的目标是找出一组最小的用户,他们的免疫接种将使错误信息的传播最小化。这被称为影响力最小化或影响阻断问题。

假设 $G(V,E)$ 是给定的图,M 是开始传播错误信息的节点集,k 是被阻止/免疫的节点的数量。在一些研究工作中,k 也被称为预算或成本,因为它们旨在最小化给定预算 k 的反向影响,并且阻塞网络中的节点存在固定成本。$\pi_{G(V,E)}(M)$ 表示给定图 $G(V,E)$ 中受影响节点的数量,如果设置为 $M(M \subseteq V)$ 传播错误信息,在影响最小化中,给定 $G(V,E)$、集合 M 和预算约束 k,目标是从 $V-M$ 中识别包含 k 个节点的子集 T 使得 $\pi_{G(V,E)}(M)$ 最小化。

解决此类问题的一种可行的直观方法是贪心法。在贪心法中,我们选择一个最小化网络影响的节点,并迭代地不断添加进一步最小化影响的节点,直到选择所需数量的节点。

解决此类问题的另一种流行方法是使用启发式方法。可以利用中心性度量识别给定网络中的有影响力的用户,一旦知道有影响力的用户,就可以选择具有最高中心性值的前 k 个用户进行免疫。例如,一种两步启发式方法的工作原理如下:先识别一组用户,其中包含最可能的传播源用户,然后在网络中放置一些监视器来阻止错误信息。

此外,与影响力最大化算法类似,基于社团的算法、元启发算法等都可以用于解决该问题。

3. 真相宣传

在影响阻断方法中,节点或边缘被阻止进一步传播假新闻以减少其影响。但是,通过使用户了解真实信息,也可以减少反向影响。这将帮助用户从不同的角度理解新闻,并对给定的新闻主题建立公正的看法。它还将影响用户关于分享的决定,将被激励进一步分享真实信息而不是谣言。这在现实生活中是一种更可行的方法,将减少假新闻对网络的影响。

有研究表明,用户不会放弃从不同于他们所相信的角度展示信息的新闻文章。该研究还表明,用户花费更多时间来探索具有挑战性的新闻文章。解释错误信息中使用有缺陷的论点或关于该主题的科学共识的接种信息在消除错误信息的不利影响方面更有效。进一步研究发现,如果人们在谣言之前而不是在谣言之后接触到真实信息,就会大大减少谣言的传播。同时展示谣言和非谣言,有利于减少谣言传播,实施起来也更加可行。所有这些研究都支持这样一种概念,即控制假新闻的真相宣传方法在现实生活中效果更好。

假设 $G(V,E)$ 是给定的图,M 是开始传播错误信息的节点集,k 是要选择的节点数。$\pi_{G(V,E)}(M,T)$ 表示图 $G(V,E)$,如果设置 $M(M \subseteq V)$ 传播错误信息并设置 $T[T \subseteq V-M]$ 传播真实信息。在大多数真值竞争方法中,给定 $G(V,E)$、集合 M 和 k,目标是从集合 $V-M$ 中选择大小为 k 的节点的子集使得 $\pi_{G(V,E)}(M,T)$ 被最小化。

仍然可以采用贪心法。在贪心法中,我们选择一个节点开始真值运动,以最小化网络中错误信息的影响,并迭代地不断添加节点,进一步最小化负面影响,直到所需的节点数量被选中。其他的优化算法也可以用于解决该问题。

4. 缓解工具

基于心理学的研究表明,当用户接触到真实信息和虚假信息时,会倾向于相信真实信息。有几种缓解工具可以计算和显示新闻的可信度,以帮助用户决定进一步分享信息。

例如,国外有研究者设计了名为 NewsCube 的服务,为用户提供对感兴趣的新闻事件的不同观点。这样,用户可以从不同的角度研究和理解新闻文章,并自行得出公正的意见。

还有研究者设计了"Dispute Finder",即一个浏览器扩展程序,用于通知用户他们正在阅读的信息是否受到其他来源的争议,并显示支持其他观点的新闻文章列表。用户还可以将有争议的声明添加到数据库中,这将进一步帮助其他用户获得更多信息。

设计这些工具的主要目的是让用户可以轻松访问这些工具,以便他们可以不断添加新信息,并实时更新新闻结果。这些工具帮助用户获得公正的观点,但同时,如果用户开始盲目信任这些工具,那么工具的错误结果也会影响他们的观点。

第7章　行动与消隐阶段的技术对抗

基于舆论操纵周期模型[4],在行动与消隐阶段,信息内容攻击者的主要任务包括:①选择或准备根据改变的公众舆论采取行动;②分散公众的注意力,使他们将注意力转移到另一个主题上,使发生的事情变得模糊,并最大程度地减少内乱;③确保全面掌控局势,同时朝新的方向发展,如果需要,就再次开始循环。

在信息内容安全的攻击者鼓动公众舆论的状况下,作为信息内容安全的防御方,必须要能够尽早准确地侦测到酝酿中的公共事件,因此,需要实现话题的检测。在攻击者转移主题的情况下,防御者还需要不断跟踪话题的状况,掌握话题的演变。同时,当部分组织者与参与者在事件之后试图暂时销声匿迹时,防御者还需要有足够多的手段对攻击者进行溯源。

因此,本章主要从防御者角度简要介绍话题检测与追踪技术,以及如何通过数字水印与区块链进行溯源。

7.1　话题检测与追踪技术

7.1.1　话题检测与追踪任务

1996 年,美国国防高级研究计划署迫切需要一种可以实现新闻数据流主题判断的全自动化技术,于是就产生了话题检测与追踪技术(Topic Detection & Tracking,TDT)的概念。

美国国家标准技术研究所为 TDT 研究设定了五项基本任务,包括报道切分任务、话题跟踪任务、话题检测任务、首次报道检测任务、关联检测任务[116-118]。

1)报道切分任务(Story Segmentation Task,SST)要求将原始报道分割成具有完整结构和统一主题的报道。如果有一条包括不同类型信息的报道,那么报道切分系统需要对报道进行识别并按照要求切分。SST 最初针对的是新闻广播报道,其切分方式包括以下两种:直接切分音频信号将音频信号转为文本信息后进行切分。

2)话题跟踪任务(Topic Tracking Task,TT)是对已知的话题报道进行后续跟踪。由于已知的话题没有明确、详细的描述,描述信息主要是给定的若干篇相关报道。美国国家标准技术研究院为每一个待测话题提供 1～4 篇相关的报道,同时提供相应的训练语料来训练跟踪系统和更新话题模型。话题跟踪任务通过计算后续数据流中每一篇报道与话题模型的匹配程度来判断新数据是否属于该话题,从而实现跟踪功能。

3)话题检测任务(Topic Detection Task,TD)主要是检测系统中未知的话题。TD 任务在构建话题系统时的先验信息非常少,因此,TD系统必须在不清楚话题信息的情况下完成检测模型的构建。同时,构建的检测模型不能仅针对一个特殊的话题,而是应可以检测所有的话题。通过检测模型对后续数据流的检测和识别,找出数据库中没有出现的话题并生成"新话题"。

4)首次报道检测任务(First-Story Detection Task,FSD)是要在时序报道流中检测出各种话题的第一篇报道。总的来讲,FSD与TD有相似之处,但是FSD的结果是某话题的第一篇报道,而TD的结果是关于某一话题的一系列报道,可以说,FSD是话题检测系统的基础和前提。

5)关联检测任务(Link Detection Task,LDT)是判断两篇报道是否属于同一个话题。与TD相同,LDT也没有先验信息辅助判断。所以,LDT系统必须能够自己分析报道所描述的话题,并通过对比话题模型来判定两篇报道的话题相关性。

7.1.2 话题检测技术

1.基于主题模型的话题检测

话题检测是在离线的静态文本中提出的,而静态文本的话题检测一般都基于LDA(Latent Dirichlet Allocation)主题模型或改进的LDA主题模型。LDA主题模型将一篇文档理解成由若干隐含主题组合而成,而隐含主题通过文档中一些特定词语来体现。一般情况下,隐含主题被视为词的一种概率分布,单个文档可以由多个隐含主题按照一定比例来构成。

常用的改进LDA主题模型包括有监督潜在狄利克雷模型(Supervised LDA,sLDA)、标签潜在狄利克雷模型(Labeled LDA,L-LDA)、在线潜在狄利克雷模型(Online LDA,OLDA)。

其中,sLDA是一个可以添加额外属性的话题检测模型,与普通的LDA模型的区别是,sLDA含有一个甚至多个文本标签,可以通过文本标签对建模过程进行监督。L-LDA模型是一个基于多标签文本的主题模型,通过将标签直接映射到主题的方法以实现文档的多标签决策,解决了标签的选择问题。OLDA将时间属性引入LDA模型,保证了主题的延续性,将范围广泛的主题进行一定的缩小,对即将消失的话题在时间粒度上做出延续,减轻了主题演化过程中的偏差问题。

2.基于改进聚类算法的话题检测

当前,适用于文本领域的聚类算法主要有四种,分别是基于划分的聚类算法、基于增量式的聚类算法、基于层次的聚类算法和基于图模型的聚类算法。因为基于划分的聚类算法在话题检测与追踪任务中的效率较低,所以本书仅对后面三种聚类算法进行介绍。

1)基于增量式的聚类算法是一种高效处理文本数据流的算法,其中Single Pass算法较为简单,且应用最广。SinglePass算法是处理流式数据的经典算法,对于输入的流式数据,按照输入顺序依次将每一条数据与已有类别进行匹配,若匹配成功,则将该条数据归入该类别;若匹配失败,则创建一个新类别来存放该数据,这样就实现了流式数据的聚类。这符合社交网络信息都是逐步增量产生的特点。

2)k-means算法是一种简单好用的划分聚类算法,但是算法中k值的选择和初始聚类中心点的选择是k-means算法的重点和难点。不同于k-means聚类算法,基于层次的聚类算法是对样本逐层聚类,直到满足聚类要求,避免了参数设置和聚类中心点选取的难题。

3)基于图模型的聚类算法与其说是聚类算法,还不如说是一种图的向量表示。基于向量进行表示之后,一般可以采用其他的聚类方法得到最后的聚类结果。因此,基于图模型的聚类算法既依赖于向量表示,也与之后采用的聚类算法有关。

3. 基于多特征融合的话题检测

基于多特征融合的话题检测可以充分利用多特征数据,实现对话题的精确检测。根据话题检测的方法途径,把多特征分为两大类:一类是基于文本的多特征;另一类是基于非文本的多特征。

基于社交媒体文本特征的方法是指利用微博、Twitter 等新兴社交媒体上的文本消息,根据事件随时间的变化不断对新出现的话题做出检测。

基于社交媒体文本特征的检测方法主要围绕关键词特征进行,但是随着非文本媒体的盛行,仅依靠关键词特征已经无法满足当前网络环境下的话题检测要求,结合社交网络中丰富的用户数据(如用户行为、好友关系、地理位置、视频等)来进行话题检测就显得尤为重要。

7.1.3　话题追踪技术

话题追踪的主要任务是在已知目标话题的基础上对后续报道进行持续追踪。由于社交媒体的迅速普及,话题追踪技术应用到了微博、贴吧、论坛、博客等社交媒体平台上。话题追踪可以简单地分为两个步骤:第一步,训练并得到话题模型;第二步,根据得到的话题模型进行判断。

话题追踪方法分为非自适应话题追踪和自适应话题追踪两种,自适应话题追踪的优越性在于无指导条件下的自适应能力,可以有效地解决"话题漂移"现象。

1. 非自适应话题追踪

非自适应话题追踪有基于知识和基于统计两种研究思路。

1)基于知识的非自适应话题追踪主要是分析报道内容之间的相关关系,并利用与报道内容相关的领域知识对报道进行归类追踪。基于统计的非自适应话题追踪主要是利用统计学方法分析报道与话题模型之间的关联程度。

2)基于统计策略的非自适应话题追踪方法主要是根据话题模型与后续报道相关性进行判断,而基于分类策略的非自适应话题追踪方法又是基于统计策略的非自适应话题追踪方法中最常用到的方法。

2. 自适应话题追踪

非自适应话题追踪是根据少量的话题报道来构建话题模型,进而实现话题追踪。现实生活与之非常类似,用户对突发性话题的了解通常也非常少,而这也是经过训练得到的话题模型不够准确的缘故。因此,研究一种拥有自我学习能力的自适应话题追踪系统就显得尤为重要。自适应话题追踪的核心思想是对话题模型进行自适应学习,不仅可以为话题嵌入新的特征,同时可以动态调整特征权重。其优点是可以减小因为先验知识不足而导致的话题模型不完备的问题,同时还可以通过自适应学习机制实现对话题的持续跟踪。

7.2 虚假信息溯源技术

溯源是威慑恶意信息内容攻击的重要手段。对虚假恶意信息的制造者和传播者追溯机制的缺失,造成了虚假信息的泛滥,并影响了互联网内容生态的良性发展。

7.2.1 基于数字水印的溯源技术

1. 数字水印

数字水印(Digital Watermarking),可以理解为在用户提供的原始数据,如视频、音频、图像、文本、三维数字产品等载体上,通过技术手段,嵌入某些具有确定性和保密性的相关信息。

水印中嵌入的内容通常由用户提供,如表示版权信息的特殊标志,logo,用户提供的具有某些意义的序列号、文字或产品的其他相关信息等。除某些特殊要求之外,水印信息的一般要求是不可见的,并有相应的标准来评判其不可见性或透明性。

根据提取水印信息的前提条件,数字水印可分为盲水印、非盲水印与半盲水印[119]。非盲水印在检测过程中需要原始载体和原始水印的信息;半盲水印检测时不需要原始载体信息,但是需要利用原始水印信息进行检测;盲水印检测时只需要密钥,不需要原始载体信息,也不需要原始水印信息。

2. 数字水印的生成方法

生成数字水印的主要方法有以下三类[120]。

(1)空域算法

空域算法一般是通过直接修改原始图像的像素值来达到嵌入水印目的的。这种算法一般操作简单,具有一定的鲁棒性,但透明性较差。空域算法中最为典型的是最低有效位算法(LSB),原理是通过修改原始数据中的最低有效位来实现水印的嵌入。一幅普通的灰度图像在计算机中存储,其像素值在 0~255 之间,随意增减一个像素值而不会引起人眼视觉系统的感知。

这种水印嵌入方式有一定的鲁棒性,且在不考虑图像失真的情况下,可以嵌入的水印容量即为原始图像的大小。但由于是直接替换了图像的像素最低位,因此,很容易去除,且对各种图像处理攻击的鲁棒性较差。

(2)变换域算法

和空域算法不同,变换域算法一般通过修改图像的其他附加属性(如颜色、纹理、频域)来嵌入水印。这种方法使图像具有较高鲁棒性的同时,保证含有水印的图像具有较好的透明性。

1995 年,Cox 等人最先将数字水印嵌入在原始图像的 DCT(Discrete Cosine Transform)域中,并由此开创了变换域水印的先河。该算法在数字水印技术中占有十分重要的地位。该算法的思想较为简单,且具有一定的鲁棒性,后来,通过其他学者的研究改进,陆续出现了其他变换域算法,包括离散傅里叶变换(DFT)、离散小波变换(DWT)等。

(3)优化类水印算法

20 世纪 90 年代开始,人工智能及生物模拟算法为新的研究热点,并诞生了许多优秀算法,如模拟蚂蚁群落采集食物过程的蚁群算法、模拟鸟类运动的粒子群优化算法、模拟生物遗传的进化算法、神经网络等。这类算法的提出也为数字水印算法带来了新的生命力。虽然不能直接由这些算法嵌入水印,但在嵌入水印之后可利用此类算法优化含水印的图像,以达到鲁棒性和透明性之间更好的平衡。

3. 数字水印面临的攻击

信息内容安全的攻击者很可能会试图删除或篡改嵌入在图像或视频中的数字水印,以此销毁证据,避免被溯源。潜在的攻击方式包括以下九种:

1)主动攻击:在这种攻击中,黑客故意删除水印或只是使其无法检测。它们的目的是使嵌入的水印失真到无法识别的程度。主动攻击的一个例子是版权保护、指纹或复制控制等。

2)被动攻击:黑客努力识别是否存在水印,并在攻击中识别水印,没有进行销毁或删除。这些类型的攻击在秘密通信中很重要。

3)伪造攻击:这种类型的攻击,黑客不会删除水印,而是插入一个新的有效水印。

4)共谋攻击:这种攻击与主动攻击有着不精确的区别。黑客使用相同信息的不同实例,包含每个不同的标记,构建一个没有任何标记的副本。

5)简单攻击:这种攻击的另一个名称是波形攻击或噪声攻击。之所以被称为简单攻击,是因为它试图通过改变整个水印来损害嵌入的水印,而不试图识别单个水印。这些攻击的一些例子包括过滤、添加噪声、基于波形的压缩(JPEG、MPEG)和伽马校正。

6)模糊性攻击:这些攻击试图通过生成一些假水印数据或假原始数据来混淆。反转攻击就是这种攻击的一个例子。

7)加密攻击:这种攻击的主要目标是破坏水印技术中的安全方法,找到移除嵌入水印信息的模式。由于计算复杂度高,因此,这些攻击的应用受到限制。

8)移除攻击:在不破坏水印技术安全性的情况下,从带水印的数据中完全删除水印数据。水印嵌入中不使用密钥。这种技术包括去噪和量化。

9)几何攻击:与移除攻击相反,这些攻击实际上并不移除插入的水印本身,而是旨在改变水印检测器与插入信息的同步。

4. 面向溯源取证的数字水印

在多媒体生成或进入社交网络时,嵌入包含操作者与时间信息的不可篡改的数字水印,是恶意信息溯源的根本保障。从溯源的应用需求上来看,数字水印的主要性能要求是鲁棒性与安全性。鲁棒性要求多媒体中嵌入的水印在经过图像的缩放裁剪、视频的压缩转码等攻击后,仍可有效地提取和识别;安全性要求多媒体中的水印不能被非授权用户移除或篡改。此外,由于多媒体数据中嵌入的数字水印不可避免地将包含一些可能涉及个人隐私的信息,如被任意读取,将会对个人隐私造成严重侵害,因此,数字水印还必须考虑个人隐私的保护。

7.2.2　基于区块链的深度溯源技术

近年来,将区块链用于社交媒体/消息平台一直是讨论的焦点。在确定通过社交媒体/消息平台传播虚假或恶意新闻问题的严重性及其不利的社会影响作为动机之后,旨在提供主动和被动的方法,很多研究人员建议使用区块链技术作为社交媒体/消息平台框架的骨干结构,目的是解决通过上述平台传达的信息的完整性问题,并确保在不良行为者发起虚假或恶意新闻的情况下追究其责任,最后,还要克服/减少虚假或恶意信息的传播通过提议的基于框架的平台传播恶意消息。

1. 区块链

区块链的理念是中本聪在 2008 年通过比特币白皮书引入的。区块链有助于在对等网络上记录交易,以安全的方式将数据存储为分布式账本。虽然最初区块链的使用是从寻找加密货币的应用开始的,但区块链的设计固有地提供了几个特殊的特征,使区块链的应用扩展到更广泛的范围。例如,与提议者最初的想法相比,区块链以透明、可追溯和分布式的方式提供数据存储,同时仍将确保数据完整性作为其最重要的功能。这种去中心化的数据不变性、透明度和通过共识对交易进行集体验证,使得区块链成为适用于不同行业的解决方案。

现有区块链的主要特征如下。

(1)去中心化

由于区块链是去中心化的,因此,作为商业模式的一部分或通过对手的攻击,私人信息/数据不可能从中心化机构故意泄露。此外,在社交媒体平台上交流的原始数据/消息/媒体以加密方式保存在云端,只有交易信息保存在区块链上,因此即使它是分散的,也只有授权的接收者才能访问数据,确保了隐私性。

(2)可追踪性或可追溯性

可追踪性是区块链的一个重要特征,有助于追踪对象的完整历史。跟踪是在整个区块链中跟踪对象的一种方法。对象的可追溯性现在主要用于基于区块链的供应链中,以追溯区块链中的产品历史。可追溯性还有助于识别任何更改区块链上数据的企图,实际上还确保了不变性和完整性。

(3)不可变性

由于区块链上的数据是不可变的,因此,此功能可确保攻击者不可能更改原始消息交易以传播虚假或恶意新闻,并且在不对他/她的恶意行为负责的情况下逃脱。但是这种不可变性的一个缺点是即使授权用户在没有任何恶意的情况下希望这样做,也无法删除内容。为了解决这个问题,应在提议的框架中维护另一个数据结构,以指示标记为已删除的消息,而不是从区块链中物理删除它们。

(4)容错

由于区块链是分布式账本,因此,对等点包含账本的相同副本。任何数据泄漏或故障都可以通过共识来识别,并且可以借助存储在区块链对等点中的副本来缓解泄漏。

2. 区块链在对抗虚假恶意信息领域的应用

已有很多研究提出了使用区块链对抗虚假信息的方案框架[121-123],这些方案基本都利用了区块链的可追溯性与不可变性。

Torky 等人提出了基于区块链的可信性证明,通过将可信性权重和来源可信性等可信性指标分配给各种新闻来源,如媒体公司、在线报纸、杂志、用户博客来判断新闻是否可信。区块链维护谣言区块,即通过不同来源传播的假新闻,作为确定新闻可信度的机制。

Huckle 提议创建一个数字内容元数据区块链,该区块链可以在以后使用数字内容的哈希值匹配来确保数字内容的真实性,这样以后就不会断章取义了,这一系统被命名为 Provena-tor。

Qayyum 等人关注新闻机构的新闻,并确定它们是否可信,如果通讯社的行为是恶意的,那么平台就会撤销身份,在其上发布信息。这是通过维护具有新闻完整性的新闻区块链来实现的,即多个机构发布的新闻,通过与区块链上已有新闻的语义相似性进行识别。

此外,有研究使用了谣言传播模型。该模型将三种类型的用户(即无知者、传播者和压制者,他们压制虚假新闻传播)可视化。它利用基于该模型的模拟,通过加入基于区块链的智能合约,并将虚拟信用与每个社交网络成员关联,展示了假新闻传播的较慢速度。该论文称:"此类信用反映了社交网络成员和相应信息的可信度。"

关于该研究的可信度,Hasan 等人提出了一种以太和智能合约为基础的解决方案,使用历史跟踪作为数字媒体真实性的证明,尤其是具有多个版本的视频。视频和相关元数据存储在分散的星际文件系统中。基于 Etherium 的智能合约与包含视频细节变量的视频相关,包括所有者信息。它提供了允许其他艺术家根据智能合约中记录的条款和条件共享/编辑视频的功能。任何新版本的视频都会有到原始视频的链接,原始视频智能合约也会有一个所有子视频的列表。因此,如果视频可以追溯到可信的来源,就可以确保视频的真实性;否则,如果视频无法追溯到其来源,就不可信。

Shang 等人提出了一个基于区块链技术固有特征的新闻源跟踪模型。该模型包括使用块前散列和时间戳来跟踪读者的新闻源,但正是由于使用块前散列和时间戳来实现既定目的,因此该拟议工作缺乏快速的来源跟踪。

Saad 等人提出了一个基于区块链的解决方案,解决了一个特定场景,即新闻机构发布的新闻及其被操纵的版本不允许作为假新闻传播。新闻项目使用基于区块链的系统进行管理,拟议的参与者包括社交媒体/消息平台和新闻出版商/机构,但社交媒体/消息平台用户不允许参与区块链管理。相关参与者遵循验证/确认机制后,将新闻项目添加到区块链上。普通社交媒体/消息平台用户可以共享存储在区块链上的原始或被操纵的新闻项目,相关交易的信息也会添加到特定新闻项目链中,从而使特定新闻项目(手头)的共享历史可追溯。

3. 基于区块链的社交媒体框架

有研究者提出了基于区块链和键水印的社交媒体/消息平台框。这类系统可以在社交网络跟踪虚假或恶意新闻的来源,并在检测和抵制虚假或恶意新闻的传播方面发挥重要作用。

在框架中,区块链以注册用户执行的交易形式存储每个新闻共享或上传。凭借区块链的透明和可追溯性,可以验证在基于提议的框架构建的此类社交媒体/消息平台上共享的任何信息的来源和真实性。借助交易之间的前向/后向链连接,可以实现使用区块链追踪新闻来源。识别用户在社交媒体上分享的新闻路径,每个转发的消息事务都将包含一个到源的链接。此外,与正在转发的消息对应的事务将保持到捕获转发消息的事务的转发链接。

使用区块链交易信息中维护的前向/后向链接可以更快地追踪虚假或恶意新闻的始作俑者,从而提供一种机制迅速从平台中删除虚假或恶意新闻内容。这种方法解决了恶意新闻/消息(不一定是假的)的病毒传播问题。这种恶毒的消息可能会被用来破坏社会稳定,如果不及时控制,就可能会导致严重的情况。

平台框架可以具有类似于 Facebook、Instagram 和 Twitter 等现有平台的功能。基于区块链的社交媒体/消息平台框架[121],如图 7-1 所示,其中虚线表示基于区块链的社交媒体/消息平台框架的使用范围。这表明,用户发布为私人的消息在区块链上没有被记录。此外,对于此类消息,平台上没有提供转发设施,因此,它们没有空间推动虚假或恶意消息的病毒传播。

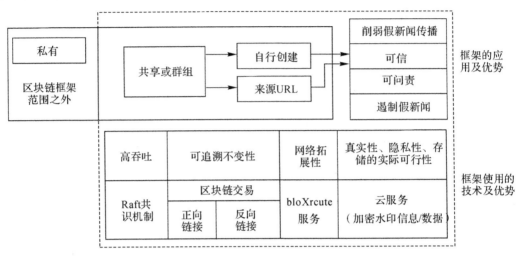

图 7-1 基于区块链的社交媒体/消息平台框架[121]

第 8 章　主动认知安全

所有的信息内容攻击技战术可以生效的原因，在于受攻击的目标——信息受众存在脆弱性。正如网络安全中，网络攻击可以奏效的原因正是攻击手段利用了目标存在的安全漏洞，而信息内容攻击利用的正是信息受众的认知脆弱性。

本章先将梳理信息内容安全攻防双方可用的技战术，形成技战术矩阵，然后从认知的角度，基于 PPDR(Policy Protection Detection Response)主动安全的框架，对信息内容安全防护技术进行组织，构建主动认知安全框架。

8.1　信息内容安全攻防技术矩阵

在攻防对抗中，系统梳理双方可用的技术与战术，是制定与优化对抗策略、形成博弈优势的基础。在这里，对抗的战术是指对抗者采取行动的原因，而技术是指对抗者完成行动的手段。

攻防技战术矩阵在很多领域都得到了广泛应用。在网络安全领域，最为著名的矩阵是 Miter 公司提出的 ATT&CK(Adversarial Tactics，Techniques，and Common Knowledge，对抗性战术、技术与公共知识库)框架[124]。该框架是一个基于现实世界所观察到的攻击向量所组成的一个公开的对抗性战术和技术知识库，包括了针对企业的攻击链(ATT&CK for Enterprise)、针对移动平台的攻击链(ATT&CK for Mobile)、针对工控系统的攻击链(ATT&CK for Industrial Control Systems)三个不同的版本，每个版本包含初始访问、执行、持久化等十余种战术，以及令牌冒充、ARP 缓存中毒等共计上千种具体技术或子技术。同时，从积极防御的角度，Miter 公司还提供了主动防御技战术矩阵 Shield[126]。

除传统网络安全领域之外，在其他领域也有类似的技战术矩阵存在。例如，在人工智能安全方面，Miter 公司与微软等企业共同提出了 ATLAS(Adversarial Threat Landscape for Artificial-intelligence Systems，人工智能系统对抗威胁全景)矩阵[128]，系统化地梳理了侦察、资源开发等 12 种战术，以及与之对应的 45 种具体技术。该矩阵为研究人员系统理解人工智能系统的威胁提供了一个清晰的图景。在信息内容安全方面，目前还没有与之对应的体系化的技战术列表出现。我们在第 3~7 章中讨论了其中的一部分，下面给出一个更为完整的矩阵。

8.2 主动认知安全框架

8.2.1 从信息内容安全到认知安全

在之前的章节中,我们讨论了信息内容自身的安全。信息内容的攻击者通过种种技术手段,将有害、错误的信息采用特定的表达方式,植入最适合传播的载体,并将其推送至目标人群。

但是,为什么谣言之下,有人选择轻信,但有人能保持清醒?同样的事件,为什么只是换了个说法,就更容易被接受呢?为什么会有三人成虎的现象?为什么很多人只是看到周围其他人的反应,就很容易改变了自己的认识?这些问题,都很难用信息内容本身的特性来回答,而是应该进一步追溯到内在的根本原因——认知。

认知是人脑对信息的主观构造过程,具体包括人脑对信息的接收、编码、存储、交换、检索、提取和使用[129]。这一过程可能会受到恶意的干扰、破坏、误导与操纵,从而导致对现实扭曲的感知与理解,进而产生扭曲的行为。保护认知的可预见性、可用性、可追溯性与可控性,是认知安全要解决的重要问题。

人类认知活动涉及的范围和领域被称为认知域,能够反映人的情感、知识、意志和信念[130-131]。科学技术的发展使得人类认知活动不断扩展,认知域的边界也随之不断延伸。近年来社交网络的发展已将人类的认知域连通拓展成为全球公域[132],与此同时,也使其面临来自全球的安全威胁。犯罪分子、恐怖分子、霸权主义者等恶意行动者隐匿其下,色情暴力、极端思想、虚假新闻等有害信息泛滥其中。

认知偏差在网络有害信息的传播中起到关键作用。认知偏差是一种偏离规范或理性的系统性模式[133],主要由人们根据主观感受而非客观资讯建立起主观的社会现实所致,可导致感知失真、判断不准、解释不合逻辑等各种不合理的结果。常见的认知偏差包括锚定效应、逆火效应、从众效应、确认偏差等 100 余种模式[71,134]。这些认知模式广泛存在于普通人群中,是网络空间回音室效应[135]、观点极化[136]、假消息传播[137-140]等现象产生的重要原因。

认知层面的对抗已经是国家层面军事对抗的重要形式。随着人类对战争认识的不断深化和科技水平的不断进步,尤其是人工智能技术在军事领域的广泛应用,军事对抗已从物理战场拓展到认知战场,从有形战场扩展到无形战场,由人的精神和心理活动构成的认知空间正成为新的作战空间[141]。认知对抗已经悄然成为继体力对抗、火力对抗、信息对抗之后,又一个崭新的对抗领域。

未来战争将同时发生在物理空间、信息空间和认知空间三个领域。物理空间是传统的战争领域,由作战平台和军事设施等构成,是战争发生的物质基础。信息空间,即信息产生、传输和共享空间,已经成为现代战争较量的重点。认知空间是反映人的知识、信念和能力的空间,是未来战争的战略制高点。

未来战争,认知空间的渗透与反渗透、攻击与反攻击、控制与反控制将会比物理空间和信息空间的争夺更为激烈。脑控战是认知空间军事对抗的发展趋势,主要通过文化传播、舆论引导、生物武器等手段,破坏对方的认知能力,保护己方的认知能力,获得作战认知空间对抗的主导权、控制权和话语权,进而影响作战指挥的信息获取和决策行为控制模式,从而达到决定战局胜败的目的。

8.2.2　主动认知安全框架 PPDR

面向认知安全,现有的理论与技术研究仍存在明显不足。

第一,缺少可概括认知安全防护总体思路的概念框架。尽管认知安全已被提升至非常重要的地位,但对于到底包含哪些要素,安全防护的基础方法论是什么,并未真正形成共识。尽管与之最为接近的信息内容安全与网络空间的认知安全有较大重合,但其关注视角侧重于信息而非认知。认知安全的现状与网络安全形成鲜明对比:在网络安全领域,边界防护、深度防御、零信任等广为人知的概念模型不断出现,反映出安全防护思路的不断演进;但在认知安全领域,尚未出现有比较系统的框架模型。

第二,缺少为社交网络运营方设计的认知安全防护技术体系。社交网络运营方是维护社交网络认知安全的直接责任方,但目前大多数相关研究并未充分考虑运营方的安全需求与能力优势,更没有形成技术体系为运营方提供相对完整的认知安全解决方案。

第三,缺少具有足够主动性的认知安全防护技术。目前的研究偏重于认知安全事件的事中检测与事后处置,既缺乏对事件产生在认知层面的内因、外因的深入理解,又缺乏事前预测与有效防护的技术,使得社交网络的认知安全防护处于较为被动的局面。

针对上述问题,在初步构建认知安全方法论框架的基础上,针对认知风险的形成机理、回声效应的主动消解、未知威胁的主动感知与有害信息的追踪溯源等关键问题,我们可以构建主动认知安全的总体框架 PPDR,如图 8-1 所示。

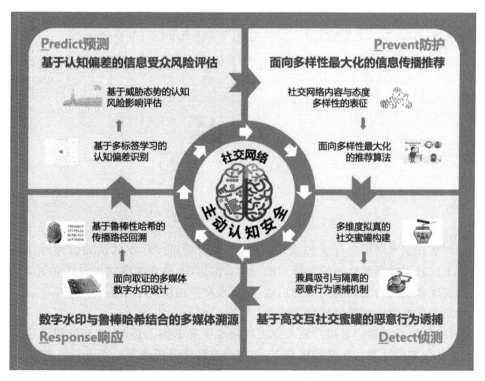

图 8-1　主动认知安全 PPDR 框架

（1）基于认知偏差的信息受众风险评估

认知风险的根源来自于人类认知中存在的脆弱性（即认知偏差）。针对认知的攻击正是通过对认知脆弱性的利用实现对认知的污染、扭曲、毒害和操纵的。如同评估软件系统风险需要先识别系统中存在的漏洞一样，评估人类认知可能面临的风险，也需要从识别认知中存在的脆弱性开始。

借鉴网络安全相关理论，我们提出认知安全本体模型，如图 8-2 所示。在该模型中，认知风险的产生源于信息受众认知中存在的认知偏差。在影响力行动中，攻击者通过特定的传播工具，配合相应的攻击模式，以传播制品的形式，有意识地利用认知偏差，从而形成认知风险。因此，认知偏差是风险的内因，认知攻击（包括攻击模式和传播制品等）是风险的外因。

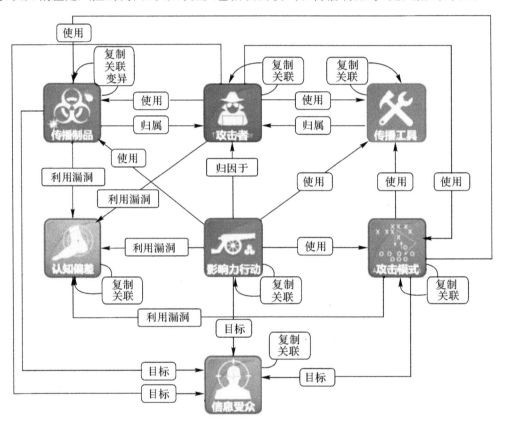

图 8-2　认知安全本体模型

因此，评估社交网络用户存在的认知风险，需先识别用户存在的认知偏差并评估利用难度，然后基于威胁态势预测认知偏差被利用后造成的影响，从而实现对用户认知风险的定量评估，并据此实现社交网络高风险人群的识别，为重点防护提供科学依据。

（2）面向多样性最大化的信息传播推荐

社交网络的回音室效应是用户陷入观点极化的重要原因。目前，社交网络大多采用基于相似性的个性化推荐机制。在这种机制下，用户会被持续但低强度地推荐新的内容或用户，表面上扩大了认知范围，但实际上这些基于用户社交网络和历史数据推荐的内容，与用户自身往往具有较强的相似性。相似的内容稀释了不同观点的存在，使用户处在一个不断强化自身观点的回音室中,并产生自己的观点已得到广泛认同的错觉,最终促使各种"愤怒团体""仇恨团体""阴谋团体"等的形成。

在社交网络中采用面向多样性的推荐机制是打破回音室效应的重要手段。通过合理的推荐机制设计,在符合国家法律规定与社会道德要求的基础上,之前出现极化倾向的用户可以持续地接触到多样性的观点,理解甚至接受更多不同的选择,从而逐步走出认知局限,有效地避免极端小群体的出现,防止网络社会的割裂。

为实现上述目的,需先形式化表征社交网络中的多样性,然后设计面向多样性的社交网络推荐算法,通过社交网络主动的推荐机制,有效的影响可能陷入回音室效应的目标群体。

(3)基于高交互社交蜜罐的恶意行为诱捕

未知类型攻击是认知攻击事中检测的重大挑战之一。对于已知类型的攻击,无论是色情、暴力等已知内容类型,还是深度伪造等已知手段类型,都有可能通过大量标注样本的训练,生成有足够准确度的分类器,从而实现恶意样本的检测。但是,认知的复杂性决定很难枚举所有可能的攻击类型,同时攻击者也可随时变换新的攻击手段。如何抢在认知攻击者在社交网络中造成严重影响之前,及时侦测到恶意行为,是社交网络运营者最为关注的问题之一。

社交蜜罐提供了一种更为主动的侦测思路。在安全领域,蜜罐是防御者为攻击者设下的诱饵,通过主动模仿攻击者的目标,利用攻击者的企图来获取攻击者身份信息、攻击策略与使用技术,或将他们从有价值的真实目标上引开。蜜罐技术已在网络安全领域得到大量成功的应用,但在认知安全领域尚缺乏深入研究。

为利用社交蜜罐实现对未知类型认知攻击的侦测,先需构建多维度拟真的智能社交蜜罐,然后设计兼具吸引与隔离的恶意行为诱捕机制,从而主动地搜集认知攻击者的情报信息,及时发现未知攻击。

(4)数字水印与鲁棒哈希结合的多媒体溯源

以深度伪造为代表的多媒体假信息是目前网络上最具危害的认知攻击方式之一。深度伪造技术可以生成高度逼真的虚构的多媒体制品,在为影视制作、公众娱乐等带来全新体验的同时,也为部分组织和个人利用伪造音视频损害他人名誉、传播虚假信息、实施恶意宣传等提供了便利。

由于技术的公开性与低门槛性,简单的封禁并不能真正起到作用,且妨碍技术的正常使用。鉴于已有大量研究针对深度伪造视频的检测展开我们主要面向以深度伪造为代表的多媒体有害信息的溯源,提供可靠的事后取证机制,震慑技术的滥用行为。

具体思路如下:先设计面向取证的高鲁棒性数字水印,使多媒体在生成或进入社交网络时,就嵌入难以被去除的标识;然后设计基于鲁棒性哈希的传播路径回溯机制,使得多媒体数据的传播扩散过程可回溯审计,以实现多媒体信息,尤其是深度伪造视频在社交网络上的可靠追溯。

基于上述四个方面,可以构建面向社交网络运营方的主动认知安全解决方案,实现认知风险人群的识别、具备认知多样性的推荐、未知类型认知攻击的侦测,以及深度伪造多媒体内容的溯源等,切实辅助社交网络运营商有效预测潜在风险,提前防范风险形成,及时发现进行中的恶意认知攻击,并在事后进行快速溯源。

以深度伪造溯源为例,下面给出一种可行的解决方案。

8.2.3 深度伪造溯源解决方案

近年来,针对深度合成技术恶意使用所带来的问题,世界各国纷纷出台管理法律法规,研究支撑技术,探索深度合成的治理路径。我国也同样在积极探寻建设有效治理的管理机制与技术机制。自 2019 年 11 月起,先后出台的《网络音视频信息服务管理规定》《网络信息内容生态治理规定》《互联网信息服务算法推荐管理规定》等文件,均对生成合成类内容提出不同程度的监管要求。2022 年 1 月,国家互联网信息办公室发布了《互联网信息服务深度合成管理规定(征求意见稿)》,进一步提出了"深度合成服务提供者对使用其服务所制作的深度合成信息内容,应当通过有效技术措施在信息内容中添加不影响用户使用的标识,依法保存日志信息,使发布、传播的深度合成信息内容可被自身识别、追溯"等具体规定。

数字水印是在用户提供的原始数据,如视频、音频、图像、文本、三维数字产品等载体上,通过数字水印技术手段,嵌入具有某些具有确定性和保密性的相关信息。数字水印的嵌入方法包括空域算法(直接修改原始图像的像素值)、变换域算法(修改图像的颜色、纹理、频域等附加属性)、奇异值分解算法、分形算法、扩频算法等[15-26]。通过在图像视频中主动嵌入含有溯源信息数字水印,可以实现对深度伪造制作者、传播者、原始图像等信息的有效追溯,构建可靠的追责机制,形成对司法部门、管理部门的有力支撑[27-28,37,29-36]。

但是,现有的数字水印技术存在一系列的缺陷,限制了该技术在深度伪造溯源中的应用。主要问题包括:①水印抗攻击性能弱。深度伪造图像/视频生成后,用户不仅可能对图像视频进行缩放、旋转、压缩、模糊等操作,还可能对图像进行更为剧烈的 GAN 变换,现有的数字水印对常规图像操作有一定的鲁棒性,但对 GAN 变换的抵抗能力明显不足。②水印承载信息少。深度伪造溯源需要足量的相关信息,但是现有水印技术在不显著影响图像质量的情况下可嵌入的信息量极为有限,直接限制了溯源的能力。③水印嵌入效率低。深度伪造溯源技术可广泛应用的前提是数字水印可以在用户设备或服务器端快速生成,并嵌入至图像或视频中,尤其在社交媒体服务中,过长的处理时间会直接影响正常服务的可用性,但现有的基于 CPU 运算的数字水印嵌入算法从执行的时间效率上并不能充分满足要求。④水印隐私保护差。数字水印中的用户敏感信息原则上只能被司法机构或监管机构读取,且相关信息不应在不受保护的条件下在网络中传输,但现有的解决方案中,数字水印的加解密密钥均被数字水印提供商掌握,用户的隐私可能被侵犯。

本书提出了基于数字水印的主动溯源方案,如图 8-3 所示。具体流程涉及密钥分发管理的 CA 中心、深度合成应用用户端、深度伪造溯源管理端,以及互联网传播途径。

首先,由可信的第三方 CA 中心向深度合成服务提供商/应用开发商分发加密私钥,同时向司法部门/深度伪造监管部门发送解密公钥。这样既保障了溯源信息不可伪造,又保障了除非司法部门/监管部门授权,他人无法获取溯源信息,保护了用户的隐私。

在深度合成应用用户端,在客户端 SDK 的配合下,应用将溯源元数据在用户本地加密后,发送给公共的深度伪造溯源管理服务器,服务器返回具有全球唯一标识的 URI,并再由客户端 SDK 编码为具有自纠错能力的二维码,作为水印隐秘嵌入至深度合成作品中,输出后进入互联网等传播途径。

在司法/监管部门授权进行溯源时,服务端 SDK 提取深度合成制品中的不可见水印,恢复并解码二维码获取溯源 URI,再利用密钥解密,从而获得溯源元数据,为进一步的调查取证提供依据。

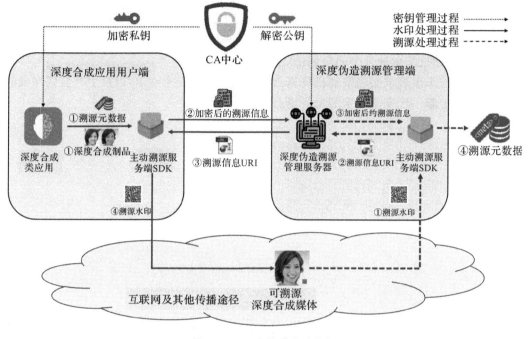

图 8 - 3 深度伪造主动溯源

利用该解决方案,服务商与运营商在媒体中预置具有溯源能力的水印,从而在出现问题后,即可快速定位深度伪造的产生源头,实现对违法违规行为的科学取证,形成有效的追责机制。溯源能力有助于对潜在的不规范行为形成震慑,进而从源头上减少深度合成技术的滥用。

面向深度合成服务用户,及社交网络用户的隐私保护需求,该方案利用高强度的非对称国密算法 SM2,溯源水印在用户设备本地,通过仅应用开发商知晓的私钥对可能包含用户敏感信息的溯源数据进行高强度加密,然后将密文转换为二维码后嵌入至数字水印中。溯源信息明文不在用户设备外传播,用于解密的密钥仅由司法及监管机构掌握,最大可能地避免了用户隐私的泄露。

8.3 未来展望

近年来国际社会发生的诸多冲突,体现出了与以往明显不同的全新形态,具有鲜明的虚实融合的特点。这些冲突不仅可以发生在有形的实体空间,灵巧型无人机、精确制导武器、信息化单兵武器等纷纷亮相;也可以同时发生在虚拟的网络空间,星链、战场感知、网络战武器等走上前台;更值得注意的是,冲突还往往同时表现为"认知战"的形态,将认知空间的重要性凸显的淋漓尽致。认知域作战的范围已经超越传统意义上的宣传战、舆论战、心理战,或将成为未来冲突的重要方式。

在大数据、人工智能等新技术支持下的认知战,很可能犹如第一次海湾战争中的信息战,成为驱动全球高技术加速演进的"新引擎"。三十多年前,CNN 成功地对第一次海湾战争进行了现场直播,随后更多电视台加入实时报道的行列,也开启了媒体战争的新范式。今天,数字平台已成为跨越时空的基础设施,社交媒体和短视频等让人人都可以成为内容制造者和舆论传播者,参战的不再仅仅是军人,也可能是"网民",影响战争冲突进程的不再只是武器,也可能是一段文字、图像或短视频,认知领域的对抗已经不仅限于光怪陆离的舆论场,在军事冲突和国际关系中也开始扮演愈加复杂的角色。

社会、政治与军事需求必将带动科技革命。信息内容的安全需求,以及上升至认知域的安全需求,必然成为新一代安全技术的发展热点。

参 考 文 献

[1] CNNIC. 第 46 次中国互联网络发展状况统计报告[R/OL]. (2020 - 09 - 29)[2021 - 03 - 12]. http://www. cac. gov. cn/2020 - 09/29/c_1602939918747816. htm.

[2] 国家计算机网络应急技术处理协调中心. 2020 年上半年我国互联网网络安全监测数据分析报告[R/OL]. (2020 - 09 - 26)[2021 - 03 - 12]. http://www. cac. gov. cn/2020 - 09/26/c_1602682854845452. htm.

[3] 方滨兴. 定义网络空间安全[J]. 网络与信息安全学报, 2018, 4(1): 1 - 5.

[4] GU L, KROPOTOV V, YAROCHKIN F. The fake news machine: how propagandists abuse the Internet and manipulate the public[R]. Cupertino: Trend Micro, 2017: 1 - 81.

[5] SHU K, WANG S, LIU H. Understanding user profiles on social media for fake news detection[C]//2018 IEEE Conference on Multimedia Information Processing and Retrieval (MIPR), Miami: IEEE, 2018: 430 - 435.

[6] MACHADO G, ALAPHILIPPE A, ADAMCZYK R, et al. Indian chronicles: subsequent investigation: deep dive into a 15 - year operation targeting the EU and UN to serve Indian interests[R]. Brussels: EU Disinfo Lab, 2020: 1 - 89.

[7] MACHADO G, ALAPHILIPPE A, ADAMCZYK R, et al. Indian chronicles: deep dive into a 15 - year operation targeting the EU and UN to serve Indian interests[R]. Brussels: EU Disinfo Lab, 2020: 1 - 22.

[8] LOCKHEAD MARTIN. The cyber kill chain ©[EB/OL]. (2011 - 04 - 01)[2020 - 10 - 12]. https://www. lockheedmartin. com/en - us/capabilities/cyber/cyber - kill - chain. html.

[9] ВНУТРЕННИЙ ПРЕДИКТОР СССР. Предиктор Внутренний: Достаточно общая теория управления Подробнее[M]. Санкт - Петербургский: Концептуал, 2019.

[10] US DoD. Information operations-joint publication 3 - 13[R/OL]. (2014 - 11 - 20)[2020 - 05 - 10]. https://www. jcs. mil/portals/36/documents/doctrine/pubs/jp3_13. pdf.

[11] DARPA. Narrative Networks (archived)[EB/OL]. (2011 - 10 - 08)[2020 - 05 - 10].

https://www.darpa.mil/program/narrative - networks.

[12] DAHAMI M. Narrative supremacy : part I: Narrative Networks[EB/OL]. (2019 - 08 - 23)[2020 - 05 - 10]. https://minorinput.wordpress.com/2019/08/23/narrative - supremacy - part - i - narrative - networks/.

[13] DARPA/DSO. Broad agency announcement Narrative Networks DSO DARPA - BAA - 12 - 03[R]. Arlington: DARPA, 2011.

[14] YIRKA B. DARPA looking to master propaganda via "Narrative Networks"[EB/OL]. (2011 - 10 - 20)[2020 - 05 - 10]. https://phys.org/news/2011 - 10 - darpa - master - propaganda - narrative - networks.html.

[15] DARPA. Narrative Networks[EB/OL]. (2011 - 10 - 08)[2020 - 05 - 10]. https://govtribe.com/opportunity/federal - contract - opportunity/narrative - networks - darpabaa1203.

[16] DARPA. Social Media in Strategic Communication (SMISC) (Archived)[EB/OL]. (2011 - 07 - 15)[2020 - 05 - 10]. https://www.darpa.mil/program/social - media - in - strategic - communication.

[17] WALTZMAN R. The story behind the DARPA Social Media In Strategic Communication (SMISC) program[EB/OL]. (2015 - 06 - 28)[2020 - 05 - 10]. https://information - professionals.org/the - darpa - social - media - in - strategic - communication - smisc - program/.

[18] DARPA. Broad agency announcement - Social Media in Strategic Communication (SMISC)[R]. Arlington: DARPA, 2011.

[19] WALTZMAN R. SMISC publications April 2015[EB/OL]). (2015 - 06 - 28)[2020 - 05 - 10]. https://information - professionals.org/wp - content/uploads/SMISC - Publications - April - 2015.docx.

[20] MESKO F, JOHNSON D. Memetics and Media Enhanced Tracking System (METSYS)[R]. Washington, DC: Center for Advanced Defense Studies, Inc, 2011: 1 - 44.

[21] KETTLER B. Computational Simulation of Online Social Behavior[EB/OL]. (2017 - 02 - 07)[2020 - 05 - 10]. https://www.darpa.mil/program/computational - simulation - of - online - social - behavior.

[22] DARPA/I2O. Broad agency announcement Computational Simulation of Online Social Behavior(SocialSim)[R]. Arlington: DARPA, 2017: 1 - 43.

[23] PFAUTZ J. Computational Simulation of Online Social Behavior (SocialSim): proposers day briefing[R]. Arlington: DARPA, 2017: 1 - 31.

[24] US DoD. Computational Simulation of Online Social Behavior[EB/OL]. (2017 - 02 - 07)[2020 - 05 - 10]. https://govtribe. com/opportunity/federal - contract - opportunity/computational - simulation - of - online - social - behavior - hr001117s0018.

[25] STAGER B. Computer science and sociology researchers tram up for DARPA grant [EB/OL]. (2017 - 11 - 15)[2020 - 05 - 10]. https://www. usf. edu/engineering/news-room/20171115-darpa-grant. aspx.

[26] BLUMENTHAL A, DAWSON C. $ 4. 95 million DARPA contract awarded to develop large-scale computational simulation of online social behavior[EB/OL]. (2017 - 10 - 24)[2020 - 05 - 10]. https://viterbischool. usc. edu/news/2017/10/usc-isi-lead-project-simulate-dynamics-online-social-behavior/.

[27] CNetS. COSINE: cognitive online simulation of information network environments [EB/OL]. (2017 - 12 - 18)[2020 - 05 - 10]. https://cnets. indiana. edu/groups/nan/cosine/.

[28] FERRARA E. COSINE: cognitive online simulation of information network environments[EB/OL]. (2019 - 12 - 23)[2020 - 09 - 08]. http://www. emilio. ferrara. name/cosine-cognitive-online-simulation-of-information-network-environments/.

[29] UCF. Deep agent: a framework for information spread and evolution in social networks [EB/OL]. (2021 - 12 - 08)[2021 - 12 - 25]. https://complexity. cecs. ucf. edu/projects/darpa/.

[30] UAlbany. SimON - simulator of online social networks[EB/OL](2017). http://ils. albany. edu/research/projects/simon/.

[31] BLYTHE J, FERRARA E, HUANG D, et al. The DARPA SocialSim challenge: massive multi-agent simulations of the Github ecosystem[C]. Proceedings of the International Joint Conference on Autonomous Agents and Multiagent Systems, Montreal: AAMAS, 2019: 1835 - 1837.

[32] GARIBAY I, OGHAZ T A, YOUSEFI, et al. Deep agent: studying the dynamics of information spread and evolution in social networks[C]. Proceedings of the 2019 International Conference of The Computational Social Science Society of the Americas. Cham: Springer, 2020: 153 - 169.

[33] TUREK M. Semantic Forensics (SemaFor)[EB/OL]. (2019 - 08 - 23)[2020 - 05 - 10]. https://www. darpa. mil/program/semantic - forensics.

[34] DARPA/I2O. Broad agency announcement Semantic Forensics (SemaFor)[R]. Arlington: DARPA, 2019: 1 - 56.

[35] US DoD. Semantic Forensics (SemaFor)[EB/OL]. (2019 - 08 - 23)[2020 - 05 - 10].

https://govtribe. com/opportunity/federal - contract - opportunity/semantic - forensics - semafor - hr001119s0085.

[36] THE VIPER LABORATORY. DISCOVER: a data - driven integrated approach for semantic inconsistencies verification[EB/OL]. (2020 - 08 - 26)[2020 - 05 - 10]. https://engineering. purdue. edu/SEMAFOR/.

[37] KETTLER B. Influence Campaign Awareness and Sensemaking (INCAS)[EB/OL]. (2020 - 10 - 26)[2021 - 02 - 11]. https://www. darpa. mil/program/influence-campaign-awareness-and-sensemaking.

[38] DARPA/I2O. Broad agency announcement INfluence Campaign Awareness and Sensemaking (INCAS)[R]. Arlington: DARPA, 2020: 1 - 55.

[39] DARPA. DARPA announces researchers selected to INCAS program[EB/OL]. (2021 - 09 - 02)[2021 - 10 - 27]. https://www. darpa. mil/news - events/2021 - 09 - 02.

[40] NSF. NSF award search: award♯1715078 - CHS: small: tracking and unpacking rumor permutations to understand collective sensemaking online[EB/OL]. (2017 - 07 - 22)[2021 - 10 - 27]. https://www. nsf. gov/awardsearch/showAward? AWD_ID= 1715078&HistoricalAwards=false.

[41] NSF. NSF award search: award♯1755536 - CAREER: tracking, revealing and detecting crowdsourced manipulation[EB/OL]. (2017 - 09 - 10)[2021 - 10 - 27]. https://www. nsf. gov/awardsearch/showAward? AWD_ID=1755536.

[42] NSF. NSF award search: award♯1149599 - CAREER: information misperceptions in the internet era[EB/OL]. (2012 - 02 - 27)[2021 - 10 - 27]. https://www. nsf. gov/awardsearch/showAward? AWD_ID=1149599.

[43] NSF. NSF award search: award♯1749815-CAREER: unraveling online disinformation trajectories: applying and translating a mixed-method approach to identify, understand and communicate information provenance[EB/OL]. (2018 - 03 - 26)[2021 - 10 - 27]. https://nsf. gov/awardsearch/showAward? AWD_ID=1749815.

[44] NSF. NSF award search: award♯1908407 - CHS: small: online dynamics of misinformation[EB/OL]. (2019 - 07 - 26)[2021 - 10 - 27]. https://www. nsf. gov/awardsearch/showAward? AWD_ID=1908407.

[45] NSF. NSF award search: award♯1948374 - CRII: SaTC: empowering elastic - honeypot as real - time malicious content sniffers for social networks[EB/OL]. (2020 - 03 - 11)[2021 - 10 - 27]. https://www. nsf. gov/awardsearch/showAward? AWD_ID=1948374.

[46] NSF. NSF award search: award♯2028012 - RAPID: dynamic Interactions between human and information in complex online environments responding to SARS - COV - 2[EB/OL]. (2020 - 05 - 18)[2021 - 10 - 27]. https://www. nsf. gov/awardsearch/ showAward? AWD_ID＝2028012.

[47] NSF. NSF award search: award♯2027713-RAPID: countering COVID-19 misinformation via situation-aware visually informed treatment[EB/OL]. (2020 - 04 - 24) [2021 - 10 - 27]. https://www. nsf. gov/awardsearch/showAward? AWD _ ID ＝2027713.

[48] STANLEY - BECKER I. Technology once used to combat ISIS propaganda is enlisted by Democratic group to counter Trump's coronavirus messaging[EB/OL]. (2020 - 05 - 01)[2021 - 10 - 27]. https://www. washingtonpost. com/politics/technology-once-used-to-combat-isis-propaganda-is-enlisted-by-democratic-group-to-counter-trumps-coronavirus-messaging/2020/05/01/6bed5f70-8a5b-11ea-ac8a-fe9b8088e101 _ story. html.

[49] WOOLLEY S C, HOWARD P N. Computational propaganda worldwide : executive summary[R/OL]. (2017 - 06 - 19)[2021 - 10 - 27]. https://ora. ox. ac. uk/objects/ uuid:d6157461 - aefd - 48ff - a9a9 - 2d93222a9bfd/download _ file? file _ format ＝ pdf&safe_filename＝Casestudies - ExecutiveSummary. pdf&type_of_work＝Record.

[50] WOOLLEY S C, HOWARD P N. Computational propaganda: political parties, politcians, and political manipulation on social media[M]. New York: Oxford University Press, 2019.

[51] WOOLLEY S C, GUILBEAULT D R. Computational propaganda in the United States of America: manufacturing consensus online[J]. Computational Propaganda Research Project, 2017, 1(5): 1 - 29.

[52] BRADSHAW S, HOWARD P N. The global disinformation order: 2019 global inventory of organized social media manipulation[R/OL]. (2019 - 09 - 26)[2020 - 10 - 05]. https://comprop. oii. ox. ac. uk/wp - content/uploads/sites/93/2019/09/Cyber-Troop - Report19. pdf.

[53] YU L, LI Y, ZENG Q, et al. Summary of web crawler technology research[J]. Journal of Physics: Conference Series, 2020, 1449(1): 012036.

[54] SAINI C, ARORA V. Information retrieval in web crawling: a survey[C]//2016 International Conference on Advances in Computing, Communications and Informatics. Jaipur: IEEE, 2016: 2635 - 2643.

[55] OLSTON C, NAJORK M. Web crawling[J]. Foundations and Trends in Informa-

tion Retrieval，2010，4(3)：175 - 246.

[56] PAVALAM S M，RAJA S V K，AKORLI F K，et al. A survey of web crawler algorithms[J]. International Journal of Computer Science Issues，2011，8(6)：309 - 313.

[57] KUMAR M，BHATIA R，RATTAN D. A survey of web crawlers for information retrieval[J]. Wiley Interdisciplinary Reviews：Data Mining and Knowledge Discovery，2017，7(6)：e1218.

[58] SAURKAR A V，GODE S A. An overview on web scraping techniques and tools[J]. International Journal on Future Revolution in Computer Science & Communication Engineering，2018，4(4)：363 - 367.

[59] BILAL M，GANI A，LALI M I U，et al. Social profiling：a review，taxonomy，and challenges[J]. Cyberpsychology，Behavior，and Social Networking，2019，22(7)：433 - 450.

[60] 孙海鸥，孙晶晶，苏妍源，等. 国内外用户画像研究综述[J]. 情报理论与实践，2018，41(11)：155 - 160.

[61] BLOMKVIST S. Persona - an overview personas and goal - directed design[R/OL]. (2002 - 09 - 03)[2021 - 06 - 12]. https：//it. uu. se/edu/course/homepage/hcidist/vt05/Persona - overview. pdf.

[62] ELMENDILI F，MAQRAN N，EL BOUZEKRI EL IDRISSI Y，et al. A security approach based on honeypots：protecting online social network from malicious profiles [J]. arXiv，2018，2(3)：198 - 204.

[63] DITTRICH D. The ethics of social honeypots[J]. Research Ethics，2015，11(4)：192 - 210.

[64] WEBB S，CAVERLEE J，PU C. Social honeypots：making friends with a spammer near you[C]//5th Conference on Email and Anti - Spam (CEAS 2008). Mountain View：CEAS，2008：1 - 10.

[65] LEE K，CAVERLEE J，WEBB S. Uncovering social spammers[C]//Proceeding of the 33rd international ACM SIGIR conference on Research and development in information retrieval - SIGIR '10. New York：ACM Press，2010：435.

[66] LEE K，CAVERLEE J，WEBB S. The social honeypot project[C]//Proceedings of the 19th international conference on World wide web - WWW '10. New York：ACM Press，2010：1139.

[67] RAND WALTZMAN. Disinformation 101[EB/OL]. (2021 - 09 - 01)[2021 - 09 - 02]. https：//twitter. com/cogsec.

[68] WIKIPEDIA. Propaganda techniques - Wikipeida[EB/OL]. (2020 - 09 - 03)[2020 -

10 - 20]. https://en. wikipedia. org/wiki/Propaganda_techniques.

[69] COLE R. Encyclopedia of propaganda[M]. Armonk：Sharpe Reference，1998.

[70] U. S. DEPARTMENT OF STATE. Secretary pompeo participates in Q&A discussion at texas A&M university[EB/OL]. (2019 - 04 - 15)[2021 - 10 - 02]. https://www. youtube. com/watch? v=x6wbfjspVww&feature=emb_logo.

[71] HEICK T. The cognitive bias codex：a visual of 180 + cognitive biases[EB/OL]. (2019 - 07 - 03)[2021 - 02 - 13]. https://www. teachthought. com/critical-thinking/the-cognitive-bias-codex-a-visual-of-180-cognitive-biases/.

[72] TANDOC E C，LEE J，CHEW M，et al. Falling for fake news：the role of political bias and cognitive ability[J]. Asian Journal of Communication，2021，31（4）：237 - 253.

[73] DA SAN MARTINO G，BARRÓN-CEDEÑO A，WACHSMUTH H，et al. SemEval-2020 task 11：detection of propaganda techniques in news articles[C]//Proceedings of the Fourteenth Workshop on Semantic Evaluation. Stroudsburg：International Committee for Computational Linguistics，2020：1377 - 1414.

[74] MORIO G，MORISHITA T，OZAKI H，et al. Hitachi at SemEval - 2020 task 11：an empirical study of pre-trained transformer family for propaganda detection[C]//Proceedings of the Fourteenth Workshop on Semantic Evaluation. Stroudsburg：ICCL，2020：1739 - 1748.

[75] 胡铭菲，左信，刘建伟. 深度生成模型综述[J]. 自动化学报，2022，48(1)：40 - 74.

[76] 李雪晴，王石，王朱君，等. 自然语言生成综述[J]. 计算机应用，2021，41(5)：1227 - 1235.

[77] 李旭嵘，纪守领，吴春明，等. 深度伪造与检测技术综述[J]. 软件学报，2020，32(2)：496 - 518.

[78] WANG P. This person does not exist[EB/OL]. (2018 - 12 - 21)[2022 - 03 - 01]. https://thispersondoesnotexist. com/.

[79] SATTER R. Experts：Spy used AI-generated face to connect with targets[EB/OL]. (2019 - 06 - 13). https://apnews. com/article/bc2f19097a4c4fffaa00de6770b8a60d.

[80] 梁瑞刚，吕培卓，月赵，等. 视听觉深度伪造检测技术研究综述[J]. 信息安全学报，2020，5(2)：1 - 17.

[81] 李阳阳，曹银浩，杨英光，等. 社交网络机器账号检测综述[J]. 中国电子科学研究院学报，2021，16(03)：209 - 219.

[82] 洪杰文，许琳惠. 社交网络中社交机器人行为及其影响研究：基于国外相关文献的综述[J]. 全球传媒学刊，2021，8(4)：68 - 85.

[83] CRESCI S. A decade of social bot detection[J]. Communications of the ACM，2020，63(10)：72 − 83.

[84] CRESCI S，PETROCCHI M，SPOGNARDI A，et al. Better safe than sorry：an adversarial approach to improve social bot detection[C]//Proceedings of the 10th ACM Conference on Web Science. New York：ACM，2019：47 − 56.

[85] CRESCI S，DI PIETRO R，PETROCCHI M，et al. DNA − inspired online behavioral modeling and its application to spambot detection[J]. IEEE Intelligent Systems，2016，31(5)：58 − 64.

[86] MOU G，LEE K. Malicious bot detection in online social networks：arming handcrafted features with deep learning[C]//International Conference on Social Informatics. Pisa：Springer，2020：220 − 236.

[87] STUKAL D，SANOVICH S，BONNEAU R，et al. Detecting bots on Russian political twitter[J]. Big Data，2017，5(4)：310 − 324.

[88] DAVIS C A，VAROL O，FERRARA E，et al. Botornot：a system to evaluate social bots [C]//Proceedings of the 25th International Conference Companion on World Wide Web-WWW '16 Companion. New York：ACM，2016：273 − 274.

[89] CRESCI S，DI PIETRO R，PETROCCHI M，et al. The paradigm-shift of social spambots：evidence，theories，and tools for the arms race[C]//Proceedings of the 26th International Conference on World Wide Web Companion − WWW '17 Companion. New York：ACM，2017：963 − 972.

[90] 张维. 一切皆可"刷"？司法规制斩断网络黑灰产业[EB/OL]. (2020 − 01 − 15)[2022 − 01 − 12]. http：//www. xinhuanet. com/legal/2020 − 01/15/c_1125464211. htm.

[91] 腾讯安全战略研究. "群控"终极篇：五代流量黑产全解构[EB/OL]. (2020 − 09 − 27)[2022 − 01 − 12]. https：//zhuanlan. zhihu. com/p/259907585.

[92] 永安在线. 群控进化史，黑产攻击效率提升带来的防守困境[EB/OL]. (2019 − 09 − 26)[2022 − 01 − 12]. http：//www. woshipm. com/it/2484849. html.

[93] 雏笑笑很爱笑. 群控软件背后的"生意经"：刷量、薅羊毛、买号卖号……[EB/OL]. (2019 − 08 − 15)[2022 − 01 − 12]. https：//kuaibao. qq. com/s/20190816A0A9A900.

[94] LAPERDRIX P，BIELOVA N，BAUDRY B，et al. Browser fingerprinting[J]. ACM Transactions on the Web，2020，14(2)：1 − 33.

[95] AMIUNIQUE. My browser fingerprint[EB/OL]. (2019 − 01 − 05)[2021 − 02 − 01]. https：//amiunique. org/fp.

[96] AARON DEVERA，HAINES D，AGNESE N，et al. The cybercrime starter kit：inside anti-detection browsers and account takeovers[EB/OL]. (2020 − 02 − 11)[2021 −

02 – 03]. https://www. whiteops. com/blog/the-cybercrime-starter-kit-inside-anti-detection-browsers.

[97] CAMP D. Firefox now available with enhanced tracking protection by default plus updates to Facebook container, Firefox, monitor and lockwise[EB/OL]. (2019 – 06 – 04)[2021 – 02 – 03]. https://blog. mozilla. org/blog/2019/06/04/firefox-now-available-with-enhanced-tracking-protection-by-default/.

[98] APPLE INC. 在 Mac 上的 Safari 浏览器中阻止跨站跟踪[EB/OL]. (2019 – 03 – 05)[2020 – 03 – 5]. https://support. apple. com/zh-cn/guide/safari/sfri40732/mac.

[99] AMIN AZAD B, STAROV O, LAPERDRIX P, et al. Taming the shape shifter: detecting anti – fingerprinting browsers[C]//Proceedings of the 17th Conference on Detection of Intrusions and Malware & Vulnerability Assessment (DIMVA). Lisbon: Springer International, 2020: 160 – 170.

[100] LAPERDRIX P, RUDAMETKIN W, BAUDRY B. Mitigating browser fingerprint tracking: multi-level reconfiguration and diversification[C]//2015 IEEE/ACM 10th International Symposium on Software Engineering for Adaptive and Self-Managing Systems. Firenze: IEEE, 2015: 98 – 108.

[101] 阮光册, 夏磊. 互联网推荐系统研究综述[J]. 情报学报, 2015, 34(9): 999 – 1008.

[102] 赵俊逸, 庄福振, 敖翔, 等. 协同过滤推荐系统综述[J]. 信息安全学报, 2021, 6(5): 17 – 34.

[103] MU R. A Survey of recommender systems based on deep learning[J]. IEEE Access, 2018, 6: 69009 – 69022.

[104] NOORDEH E, LEVIN R, JIANG R, et al. Echo chambers in collaborative filtering based recommendation systems[EB/OL]. (2020 – 11 – 08)[2021 – 06 – 02]. http://arxiv. org/abs/2011. 03890.

[105] GE Y, ZHAO S, ZHOU H, et al. Understanding echo chambers in E-commerce recommender systems[C]//Proceedings of the 43rd International ACM SIGIR Conference on Research and Development in Information Retrieval. New York: ACM, 2020: 2261 – 2270.

[106] DIENG A B, RUIZ F J R, BLEI D M. Topic modeling in embedding spaces[J]. Transactions of the Association for Computational Linguistics, 2020, 8: 439 – 453.

[107] MATAKOS A, ASLAY C, GALBRUN E, et al. Maximizing the diversity of exposure in a social network[J]. IEEE Transactions on Knowledge and Data Engineering, 2020, 4347(c): 1 – 13.

[108] MATAKOS A, TU S, GIONIS A. Tell me something my friends do not know:

diversity maximization in social networks[J]. Knowledge and Information Systems, 2020, 62(9): 3697 - 3726.

[109] 张应青, 罗明, 李星. 复杂网络节点影响力测度及其最大化研究综述[J]. 现代情报, 2017, 37(1): 160 - 171.

[110] 孔芳, 李奇之, 李帅. 在线影响力最大化研究综述[J]. 计算机科学, 2020, 47(5): 7 - 13.

[111] LI Y, FAN J, WANG Y, et al. Influence maximization on social graphs: a survey [J]. IEEE Transactions on Knowledge and Data Engineering, 2018, 30(10): 1852 - 1872.

[112] PENG S, ZHOU Y, CAO L, et al. Influence analysis in social networks: a survey [J]. Journal of Network and Computer Applications, 2018, 106: 17 - 32.

[113] GUILLE A, HACID H, FAVRE C, et al. Information diffusion in online social networks: a survey[J]. SIGMOD Record, 2013, 42(2): 17 - 28.

[114] BANERJEE S, JENAMANI M, PRATIHAR D K. A survey on influence maximization in a social network[J]. Knowledge and Information Systems, 2020, 62(9): 3417 - 3455.

[115] SAXENA A, SAXENA P, REDDY H. Fake news propagation and mitigation techniques: a survey[M]//Principles of Social Networking. Singapore: Springer, 2022: 355 - 386.

[116] ALLAN J, CARBONELL J, DODDINGTON G, et al. Topic detection and tracking pilot study final Report[R/OL]. (1998 - 01 - 01)[2020 - 12 - 03]. https://kilthub. cmu. edu/ndownloader/files/12123794

[117] 张仰森, 蒋玉茹, 段宇翔, 等. 社交媒体话题检测与追踪技术研究综述[J]. 中文信息学报, 2019, 33(7): 1 - 10.

[118] 洪宇, 张宇, 刘挺, 等. 话题检测与跟踪的评测及研究综述[J]. 中文信息学报, 2007, 21(6): 71 - 87.

[119] AGARWAL N, SINGH A K, SINGH P K. Survey of robust and imperceptible watermarking[J]. Multimedia Tools and Applications, 2019, 78(7): 8603 - 8633.

[120] 吴海涛, 詹永照. 数字水印技术综述[J]. 软件导刊, 2015, 14(8): 45 - 49.

[121] ALATTAR A, SHARMA R, SCRIVEN J. A system for mitigating the problem of deepfake news videos using watermarking [J]. Electronic Imaging, 2020, 32 (4): 117.

[122] DWIVEDI A D, SINGH R, DHALL S, et al. Tracing the source of fake news using a scalable blockchain distributed network[C]//2020 IEEE 17th International Confer-

ence on Mobile Ad Hoc and Sensor Systems (MASS). Delhi：IEEE，2020：38 - 43.

[123] HASAN H R，SALAH K. Combating deepfake videos using blockchain and smart contracts[J]. IEEE Access，2019，7：41596 - 41606.

[124] BLAKE S，ANDY A，DOUG M，et al. MITER ATT&CK：design and philosophy [R/OL]. （2020 - 03 - 01）［2021 - 07 - 07］. https：//apps. dtic. mil/sti/pdfs/ AD1108016. pdf.

[125] ALEXANDER O，BELISLE M，STEELE J. MITER ATT&CK for industrial control systems design and philosophy[R/OL]. （2020 - 03 - 05）. https：//collaborate. mitre. org/attackics/img _ auth. php/3/37/ATT&CK _ for _ ICS _ - _ Philosophy _ Paper. pdf.

[126] FOWLER C，GOFFIN M，HILL B，et al. An introduction to MITER Shield[R/ OL]. （2020 - 08 - 02）［2021 - 03 - 02］. https：//shield. mitre. org/resources/down-loads/Introduction_to_MITRE_Shield. pdf.

[127] MITER. the MITER EngageTM matrix[R/OL]. （2022 - 02 - 28）［2022 - 05 - 03］. https：//engage. mitre. org/wp - content/uploads/2022/02/MITRE - Engage - Matrix. pdf.

[128] MITER. MITRE｜ATLASTM[EB/OL]. （2021 - 06 - 22）［2021 - 11 - 02］. https：//atlas. mitre. org/.

[129] 章士嵘. 认知科学导论[M]. 北京：人民出版社，1992.

[130] 侯军. 论认知域[J]. 南京政治学院学报，2006，22：28 - 32.

[131] 朱雪玲，曾华锋. 制脑作战：未来战争竞争新模式[EB/OL]. （2017 - 10 - 17）. http：//military. people. com. cn/n1/2017/1017/c1011 - 29592326. html.

[132] 罗语嫣，李璜，王瑞发，等. 认知域的公域特性及其关键技术[J]. 国防科技，2018，39（4）：58 - 62.

[133] HASELTON M G，NETTLE D，ANDREWS P W. The evolution of cognitive bias [J]. The Handbook of Evolutionary Psychology，2015：724 - 746.

[134] WIKIPEDIA. List of cognitive biases - Wikipedia[EB/OL]. （2004 - 11 - 05）［2021 - 11 - 27］. https：//en. wikipedia. org/wiki/List_of_cognitive_biases.

[135] WANG X，SIRIANNI A D，TANG S，et al. Public discourse and social network echo chambers driven by socio - cognitive biases[J]. Physical Review X，2020，10 （4）：41042.

[136] SIKDER O，SMITH R E，VIVO P，et al. A minimalistic model of bias, polarization and misinformation in social networks [J]. Scientific Reports，2020，10 （1）：5493.

[137] CIAMPAGLIA G L，MENCZER F. Biases make people vulnerable to misinformation spread by social media[EB/OL]. (2018 - 06 - 21)[2021 - 11 - 02]. https://www. scientificamerican. com/article/biases-make-people-vulnerable-to-misinformation-spread-by-social-media/.

[138] TRETHEWEY S P. Medical misinformation on social media：cognitive bias, pseudo-peer Review，and the Good Intentions Hypothesis[J]. Circulation，2019，140 (14)：1131 - 1133.

[139] CIAMPAGLIA G L，MENCZER F. Misinformation and biases infect social media，both intentionally and accidentally[J]. The Conversation，2018,20：1 - 5.

[140] KUMAR K P K，GEETHAKUMARI G. Detecting misinformation in online social networks using cognitive psychology[J]. Human-centric Computing and Information Sciences，2014，4(1)：14.

[141] 李义. 认知对抗：未来战争新领域[EB/OL]. (2020 - 01 - 28)[2022 - 03 - 01]. http://www. 81. cn/theory/2020 - 01/28/content_9726644. htm.